CB-Funktechnik

Gerd Weichhaus

CB-FUNKTECHNIK

Antennen, Funkgerätetechnik und mehr

Impressum

Bibliografische Information der Deutschen Nationalbibliothek:
Die Deutsche Nationalbibliothek verzeichnet diese Publikation in der
Deutschen Nationalbibliografie; detaillierte bibliografische Daten sind im
Internet über http://dnb.dnb.de abrufbar.

© 2022 Gerd Weichhaus

Coverbild: Gerd Weichhaus

Alle Rechte liegen beim Autor

Autor und Verlag übernehmen für die Richtigkeit aller Angaben und Hinweise
sowie für Druckfehler keinerlei Haftung, eine Haftung des Autors oder
Verlages für Personen- oder Sachschäden ist ausgeschlossen.

Herstellung und Verlag: BoD – Books on Demand, Norderstedt

ISBN: 978-3--7494-6928-4

Vorwort

Wenn Sie den ersten Band „CB-Funk – der neue Einstieg" gelesen und
tatsächlich den Einstieg in das Funkhobby gefunden haben, sind Sie
möglicherweise an weiterführenden Informationen zum Thema Funk
interessiert. Dazu wurde das Buch zum CB-Funk Band 2 geschrieben,
das Sie gerade vor sich haben. In diesem Buch lernen Sie das
Innenleben von CB-Funkgeräten kennen, erfahren etwas über die
Unterschiede zwischen stationären und mobilen Antennen, erhalten
Informationen über nützliches Zubehör wie Verstärkermikrofone,
Antennenumschalter, Sendeverstärker, Netzteile zum Betrieb von
Mobilfunkgeräten zuhause und externe Lautsprecher. Weiterhin geht
es die Nutzung von Funkapps oder um das sogenannte Web-SDR (der
Funkempfang über das Internet per Software-Defined Radio).
Außerdem spielen auch wieder Funkgeräte für andere Frequenzen
wie Freenet oder PMR 446 eine Rolle in diesem Buch. Schließlich sind
diese Geräte in den letzten Jahren sehr beliebt geworden und
inzwischen recht verbreitet.

Die Technik rund um den Funk spielt in diesem Buch eine sehr große
Rolle. Dabei geht es keineswegs nur um das Innenleben eines
Funkgerätes und dessen Bestandteile, auch die Antennentechnik soll
eine Rolle spielen. Es geht um den Aufbau, um die verschiedenen
Bauarten bzw. Komponenten solcher Antennen und um deren
Verwendung. Auch der Selbstbau einfacher Antennen ist ein Thema,
das in diesem Buch angeschnitten werden soll. Wenn Sie sich für
gebrauchte Funkgeräte interessieren, werden Sie ebenfalls
interessante Infos finden. So werden zum Beispiel häufige Defekte an
den Geräten erläutert und Sie erfahren etwas über den Kauf
gebrauchter Geräte. Auch auf Modifikationen an den Geräten (und
deren gesetzliche Aspekte) soll eingegangen werden.

Wichtige Hinweise

Das vorliegende Buch wurde mit großer Sorgfalt geschrieben, die darin enthaltenen Informationen wurden nach bestem Wissen und Gewissen erarbeitet und, soweit möglich, in der Praxis überprüft. Dennoch übernehmen der Autor und der Verlag für die Richtigkeit sämtlicher Angaben oder Hinweise keine Haftung, ebenso wenig für eventuelle Druckfehler.

Das vorliegende Buch ist urheberrechtlich geschützt. Alle Rechte vorbehalten. So ist die Verwendung von Texten und Abbildungen sowie Auszügen davon nur mit einer schriftlichen Genehmigung des Urhebers gestattet. Die nicht erlaubte Verwendung von Texten oder Abbildungen sowie Auszügen davon ist ohne diese Zustimmung urheberrechtswidrig und somit strafbar. Insbesondere gilt dies für die Vervielfältigung oder Verwendung in elektronischen Systemen.

Inhaltsverzeichnis

Kapitel 1: Weiterführende Infos zur (CB-) Funktechnik

Was sind eigentlich die Unterschiede vom CB-Funk zum Amateurfunk? Was bieten moderne Funkgeräte, welche Eigenschaften haben diese und warum gibt es heute so viele Störungen auf dem Band? Wie kann ich ein altes Funkgerät wieder zu neuem Leben erwecken, wenn es nicht gleich auf Anhieb funktioniert? Vielleicht sind das genau die Fragen, die Sie sich schon einmal gestellt haben. Und genau darum soll es in diesem Kapitel gehen. Interesse an der Funktechnik ist auch im 21. Jahrhundert noch vorhanden. Das zeigen die jüngsten Aktivitäten auf dem Band, die durchaus als lebhaft zu bezeichnen sind. Lange Zeit war es ja relativ still auf dem „Bürgerband", wie das „Citizen Band", kurz CB, wörtlich übersetzt heißt. Doch gerade in den letzten Jahren hat sich hier wieder jede Menge getan. Das gilt nicht nur für den Funkverkehr auf dem Band, sondern auch beim An- und Verkauf von Funkgeräten samt Zubehör, der an Bedeutung gewonnen hat. Schließlich sind auch die Hersteller der Geräte und des Zubehörs auf den Zug aufgesprungen und bieten wieder neue Geräte an. Das gilt nicht nur für den CB-Funk, sondern auch für andere Funktechniken wie Freenet oder PMR 446, auf die später im Buch auch noch eingegangen werden soll. Doch zunächst zu den Themen in diesem Kapitel.

Unterschiede CB-Funk und Amateurfunk

Es gibt natürlich einige Unterschiede zwischen dem CB-Funk und dem Amateurfunk, schließlich wird für den Amateurfunk eine Lizenz benötigt. Manche sagen auch, dass beim CB-Funk das Gerät geprüft wird, beim Amateurfunk der Betreiber des Funkgerätes. Schließlich darf den CB-Funk jeder nutzen, was auch den eigentlichen Sinn dieser Funktechnik ausmacht. Beim Amateurfunk sieht das schon anders aus. Da wäre zum Beispiel die Prüfung bei der Regulierungsbehörde für Telekommunikation und Post, die jeder Funkamateur ablegen muss, um sein Hobby legal betreiben zu dürfen. Es gibt aber noch einige weitere Unterschiede:

- Frequenzen der Funkanwendungen
- die verschiedenen Modulationsarten
- Art der Nutzung der Funkfrequenzen
- Sendeleistungen
- Nutzung für gewerblich-wirtschaftliche Zwecke
- Art der genutzten Gerätschaften (technisch geprüfte Geräte, selbst aufgebaute Geräte)
- die Bandbreite der Aussendungen
- Kosten für Gerätschaften, Zubehör und den Betrieb

Der für viele wahrscheinlich interessanteste Faktor zuerst: die Kosten. Wollen Sie CB-Funk betreiben, benötigen Sie logischerweise ein Funkgerät samt Stromversorgung, eine Antenne und natürlich etwas Kleinkram wie das Antennenkabel, diverse Steckverbindungen usw. Wollen Sie nur ein Handfunkgerät betreiben, hält sich der technische und damit finanzielle Aufwand in Grenzen. Haben Sie die passenden Gerätschaften gekauft, kommen keine weiteren Kosten auf Sie zu. Abgesehen von den Stromkosten müssen Sie keine weiteren finanziellen Investitionen tätigen, außer, Sie erweitern oder verbessern Ihre Anlage. Ich erwähne das an dieser Stelle so deutlich, da das nicht gerade unwahrscheinlich ist. Viele Funker fangen relativ einfach an und sind später ständig dabei, ihre Anlagen aufzuwerten, auszubauen oder zu erweitern. Dementsprechend steigen natürlich auch die Anschaffungskosten. Viele Ehepartner von Funkern können davon ein Lied singen, wenn nach Anschaffung neuer Geräte, Antennen und diversen Zubehörs die Haushaltskasse (und damit der Haussegen) doch stark leidet. Doch zurück zu den Unterschieden zwischen dem CB-Funk und dem Amateurfunk. Es ist natürlich immer schwierig, Kosten für die Gerätschaften zu nennen. Dennoch sollen an dieser Stelle einige nur als ungefähre Preise aufgeführte Beispiele genannt werden.

Zunächst zum CB-Funk:

- Mobilstation (mit Netzteil auch als Heimstation nutzbar): ca. 50 bis 100 Euro für entsprechende Einstiegsmodelle
- Stationsantenne für zuhause: ab ca. 50 Euro aufwärts (nach oben sind kaum Grenzen gesetzt), Mobilantenne (Magnetfuß) fürs Auto: ab ca. 30 Euro (gibt's zum Teil auch billiger, allerdings leidet dann meist auch die Qualität bzw. Reichweite darunter)
- Installations- und Befestigungsmaterial für die Stationsantenne (je nach Aufwand, der extrem stark variiert und daher kaum beispielhaft zu beziffern ist) sowie Antennenkabel und Stecker für die Installation der Antenne zuhause: Kabel ab ca. 1 Euro pro Meter, mindestens zwei PL-Stecker für das Antennenkabel ca. 4 bis 5 Euro für beide Stecker in der einfachen Ausführung
- Stromversorgung (Netzteil) für das Funkgerät beim Betrieb daheim: ab ca. 50 Euro, je nach Stromstärke und Ausführung)

Handfunkgeräte werden sehr gerne für den Einstieg in den CB-Funk verwendet. Es gibt moderne und leistungsfähige Funkgeräte zu Preisen ab etwa 120 Euro. Günstige Alternativen sind gebrauchte Funkgeräte, die deutlich günstiger erhältlich sind. Verwechselt werden sollten die Geräte nicht mit den PMR- und Freenet-Handfunkgeräten, die aber mit anderen Frequenzen arbeiten und paarweise zwar oft sehr preisgünstig erhältlich sind, aber wegen anderer Frequenzen nicht kompatibel zum CB-Funk.Mehr dazu noch später.

Nun zur Einstiegstechnik für den Amateurfunk:

- Mobilstation (auch hier mit Netzteil wieder für den Betrieb zuhause geeignet): ab etwa 80 bis 90 Euro aufwärts. Es handelt sich hier lediglich um die Preise für sehr einfache Einstiegsmodelle.
- Feststation mit hoher Sendeleistung und direkt für den Betrieb daheim geeignet: ab etwa 650 Euro. Nach oben gibt es praktisch kaum Grenzen. Die Kosten hängen sehr stark von der jeweiligen Ausstattung, den verwendeten Frequenzbereichen und der Ausgangsleistung der Geräte ab. Bei den hier genannten Preisen handelt es sich um solche für relativ einfach ausgestattete Einstiegsmodelle.
- Stationsantenne für 2m/70cm: ab ca. 60 Euro zuzüglich Mast und Befestigungsmaterial, natürlich abhängig vom Anbauort.
- weiteres Installationsmaterial wie Antennenkabel und Antennenstecker. Die Preise dafür liegen in ähnlichen Bereichen wie beim CB-Funk und unterscheiden sich stark durch die jeweiligen Einbauverhältnisse (zum Beispiel die benötigte Kabellänge).

Amateurfunk kann natürlich auch mit einem einfachen Handfunkgerät unterwegs oder im Kfz betrieben werden. Die Kosten für ein Handfunkgerät liegen bei ca. 180 Euro aufwärts, für den Betrieb im Kraftfahrzeug kommen noch Kosten für eine externe Antenne und gegebenenfalls für ein Handmikrofon dazu, die bei etwa 150 Euro liegen. Wollen Sie während der Fahrt mit anderen Funkern sprechen, sollten Sie eine Freisprecheinrichtung nutzen.

Beachten Sie, dass zur Einrichtung der Antenne zuhause oder auf dem Autodach noch ein Stehwellenmessgerät samt Verbindungskabel zum Funkgerät benötigt wird. Einfache Ausführungen zum Einstellen von CB-Funkantennen erhalten Sie zum

Teil bereits zu Preisen um die 20 Euro. Die Ausführungen für andere Frequenzbereiche (Amateurfunk, etwa 2m und 70cm-Band) sind etwas teurer. Hier müssen Sie mit Preisen ab etwa 60 bis 80 Euro rechnen. Hinzu kommt natürlich beim Amateurfunk noch die Lizenz. Hier muss unterschieden werden zwischen den Kosten für die Prüfung und Zulassung zum Funkdienst in Höhe von etwa 180 Euro und den Kosten für eventuell zusätzlich angeschaffte Unterlagen zur Vorbereitung auf die Prüfung. Dazu kommen laufende und jährlich zu entrichtende Kosten in Höhe von zusammen ca. 30 Euro für die Frequenznutzung und ein sogenannter EMV-Beitrag. Hier geht es um die elektromagnetische Verträglichkeit von Funkgeräten und Funkanlagen beim Betrieb im Hinblick auf die Beeinflussung anderer Geräte.

Die Preise in diesem Buch sind aber nur als ungefähre Anhaltspunkte zu verstehen. Es gibt natürlich im aktuellen Onlinehandel immer wieder Abweichungen oder Angebote. Die Preise entsprechen etwa dem Stand vom Juli 2022 und können sich jederzeit ändern, daher alle Angaben ohne Gewähr.

Ein wesentlicher Unterschied zwischen dem Amateurfunk und dem CB-Funk ist noch der, dass beim Amateurfunk auch selbst aufgebaute Geräte genutzt werden können. Das bezieht sich hier nicht nur auf die Antennen, sondern auch auf die Funkgeräte. Besonders in längst vergangenen Zeiten wurden von den Amateurfunkern selbst aufgebaute Sende- und Empfangsanlagen eingesetzt, als der Selbstbau solcher Geräte noch preislich deutlich günstiger war als der Neukauf. Aber das ist eine andere Geschichte. Für den CB-Funk sollten ausschließlich zugelassene Geräte verwendet werden. Das gilt natürlich nicht nur für die Verwendung innerhalb Deutschlands, sondern auch bei Fahrten ins Ausland. Hier sind die Geräte zum Teil umschaltbar für unterschiedliche Ländernormen, sofern es sich um

Mehrnormengeräte handelt. Informieren Sie sich vor der Nutzung eines CB-Funkgerätes im Ausland unbedingt, in welchem Land welche Bestimmungen gelten.

Moderne Funkgeräte und ihre Eigenschaften

Der (Wieder-) Einstieg in den CB-Funk kann natürlich auch mit einem älteren Gerät erfolgen, das noch irgendwo auf dem Speicher oder im Keller herumliegt. Neueinsteiger kaufen sich gerne gebrauchte Geräte, die in einem mehr der weniger funktionsfähigen Zustand sind. Viele Menschen möchten aber auch die Vorzüge moderner Geräte nutzen, wenn sie neu oder wieder mit dem Funken anfangen. Dieser Wunsch ist durchaus verständlich, bieten die modernen Geräte gegenüber den alten und meist doch recht klobig wirkenden Ausführungen einige Vorteile. Der erste davon wird bereits auf den ersten Blick deutlich. Die Geräte sind häufig sehr kompakt gehalten (was dem Nutzer beim Einbau ins Kfz zugute kommt) und besitzen ein modernes Design mit einem übersichtlichen und beleuchteten Display sowie nützlichen Zusatzfunktionen. Moderne CB-Funkgeräte mit gehobener Ausstattung wirken mit ihren großen Display und der gesamten Aufmachung schon fast wie Amateurfunkgeräte. Sie bieten nützliche Zusatzfunktionen wie einstellbare Ländernormen (praktisch beim Betrieb im Urlaub und Aufenthalten im Ausland), eine automatische Rauschsperre, die Mehrkanalüberwachung, Direktwahl für Kanal 9 oder 19, eine VOX-Funktion (automatische Aktivierung des Sendebetriebs beim Sprechen für eine Freisprechfunktion), teilweise die gleichzeitige Anzeige von Kanal und Frequenz sowie zusätzliche Features (umschaltbare Farbe der Displaybeleuchtung, Tastentöne, Roger-Beep, geringe Einbautiefe usw.).

Die Geräte unterscheiden sich zum Teil sehr stark von denen aus den 80er Jahren. Früher waren es im Wesentlichen drei Drehknöpfe (Kanalwähler, Ein-Aus-Lautstärke und Rauschsperre) sowie ein paar

Umschalter für die Modulationsart und eventuelle Zusatzfunktionen, die in den Geräten verbaut waren. Natürlich durften auch die Kanalanzeige sowie ein S-Meter nicht fehlen, wobei Letzteres bei vielen Geräten auch eingespart wurde. Wer damals ein CB-Funkgerät bedienen konnte, kam so ziemlich mit allen CB-Funkgeräten klar. Heute ist das zum Teil etwas anders.

Viele der moderneren Geräte besitzen doppelt und dreifach belegte Tasten oder Menüs, über die verschiedene Funktionen aufgerufen werden können. Einige der Geräte sind etwas gewöhnungsbedürftig in der Bedienung, da zum Beispiel grundlegende Funktionen wie die Rauschsperre nicht direkt über einen Drehknopf erreichbar sind. Dies sollte auf jeden Fall beim Kauf beachtet werden, wenn die Bedienung möglichst unkompliziert sein sollte.

Ob nun Zusatzfunktionen wie VOX oder eine Anzeige der eingestellten Frequenz neben der auf dem CB-Funk sonst üblichen Kanalanzeige benötigt wird, bleibt natürlich jedem selbst überlassen. Bei den mobil genutzten Geräten nützlich ist außerdem ein ordentlicher Lautsprecher sowie eine Filterfunktion für auftretende Nebengeräusche bzw. durch die Fahrzeugelektronik verursachte Störungen, die in vielen modernen Geräten enthalten ist und sehr wirkungsvoll arbeitet.

Häufige Störungen auf dem CB-Funk

Hier wären wir schon beim nächsten Thema, nämlich den häufig auf dem CB-Funk auftretenden Störungen. Früher waren es hauptsächlich die Funker, die andere elektronische Einrichtungen daheim störten, vor allem den Fernsehempfang. Heute ist es zum größten Teil umgekehrt. Viele Störungen auf dem Funk entstehen

durch neue Technik, die heute vermehrt im Haushalt eingesetzt wird.
Das bezieht sich nicht nur auf moderne Techniken wie den Mobilfunk
oder das WLAN. Auch viele sehr schlecht abgeschirmte Geräte wie
Fernseher, Stereoanlagen, Schaltnetzteile in Form von
Steckernetzteilen für allen möglichen elektronischen Krimskrams
machen den Betrieb des Funks oft zur reinen Nervenangelegenheit.
Viele Stationen, mit denen man auf dem Funkbetrieb in Kontakt
kommt, berichten von einem Störgeräusch, das auf allen Kanälen zu
hören ist oder von zeitweise auftretenden Störungen, die mitunter
das gesamte QSO weitgehend unmöglich machen. Ebenso häufig hört
man von verschiedenen Maßnahmen wie dem Abstellen elektrischer
Geräte im Haushalt, Mantelstromsperren in der Stromversorgung des
Funkgerätes oder sogar die Verwendung eines anderen Funkgerätes.
Oft verlaufen diese Maßnahmen ohne nennenswerten Erfolg. Hier ist
natürlich guter Rat teuer, um eine Lösung des Problems
herbeizuführen. Hier sind einige der auf dem CB-Funk am häufigsten
auftretenden Störfaktoren:

- Powerline Communications (PLC), oft auch als Digital
  Powerline (DPL oder D-LAN) bezeichnet. Es handelt sich hier
  um eine Datenübertragung über herkömmliche Stromkabel.
  Die Störungen kommen zum größten Teil durch
  hochfrequente Datensignale über unabgeschirmte Leitungen
  zustande, die dann die Störsignale wie Antennen aussenden.
- Schaltnetzteile oder Spannungswandler (auch im Fahrzeug).
  Hierbei kann es sich um Step-Down- oder Step-Up-Wandler
  handeln, die für die Stromversorgung kleinerer Geräte oder
  zum Aufladen von Smartphones oder Tablets verwendet
  werden und die mit hohen Frequenzen arbeiten.
- Andere Geräte, die Funkelektronik nutzen wie zum Beispiel
  Funkmäuse und -tastaturen, Funkthermometer und

Wetterstationen oder ähnliches. Die Störungen können
unregelmäßig auftreten.
- LED-Straßenbeleuchtungen sowie Hochvolt-LED-Leuchten
  erzeugen oftmals sehr starke Störungen, die sich zum Teil
  erheblich auf den CB-Funk mit hohen Signalstärken
  auswirken können. Generell ist die LED-Beleuchtung wegen
  der Stromversorgung durch getaktete Netzteile oder
  Vorschaltgeräte problematisch.
- Überwachungskameras, die mit Funk arbeiten (nicht WLAN)
  können ebenfalls Störungen verursachen, ebenso Babyfone
  oder ähnliche Überwachungsgeräte)
- Ältere Fernsehgeräte mit schlechter Abschirmung sind
  ebenfalls nicht zu unterschätzende Störfaktoren, mit denen
  gerechnet werden muss, ebenso ältere Monitore.
- Manchmal ist die Fehlerquelle auch in unmittelbarer Nähe zu
  finden. Wird beispielsweise ein Funkgerät mit einem nicht
  geeigneten Netzgerät betrieben, kommt es häufig ebenfalls
  zu Störungen.
- In der Nähe befindliche Router können ebenfalls zum Teil
  empfindliche Störungen verursachen.
- Industrie oder Handwerksbetriebe in der Nähe der
  Funkstation können ebenfalls Störungen verursachen durch
  Fertigungsanlagen, Kompressoren oder starke
  Elektromotoren in den Maschinen. Die Störungen treten
  meist während des Firmenbetriebs auf.
- Fotovoltaikanlagen können ebenfalls sehr starke Störungen
  verursachen, ein in der heutigen Zeit immer stärker
  auftretendes Problem.
- Störungen durch verkehrstechnische Anlagen wie
  Bahnanlagen oder Ähnliches können den Funkbetrieb
  zeitweise fast lahmlegen.

Was ist nun bei solchen Störungen zu tun? Zunächst sollte man überprüfen, ob die Störung im direkten Umfeld, also im eigenen Haushalt zu finden ist. Oft sind es kleine Netzteile oder Elektrogeräte, die seit Jahren in Betrieb sind und die man selbst kaum als Störquellen vermuten würde. Heute kommen alle möglichen Haushaltsgeräte als potenzielle Störer in Betracht, darunter neben den schon genannten auch Kühlschränke und Kühltruhen, Komponenten der Heizungsanlage oder ähnliches. Auch das eigene Fernsehgerät, der PC oder andere Geräte (vor allem solche mit einem Schaltnetzteil) sollten genauer unter die Lupe genommen werden oder sind probeweise einfach einmal auszuschalten, um zu sehen, ob es dann besser wird.

Ist die Störung nicht im eigenen Haushalt zu finden, kann man sich mit einem tragbaren Funkgerät auf die Suche nach der Störquelle begeben. Am besten verwendet man hierzu ein Gerät mit S-Meter, sodass die Störquelle mithilfe der Pegelanzeige im Funkgerät angepeilt werden kann. Sie achten dazu einfach auf den Ausschlag des S-Meters, wenn Sie in die Nähe der Störquelle kommen. Auf diese Weise lässt sich der Störenfried oft schnell aufspüren.

Es kommt gar nicht so selten vor, dass die Störungen, sofern sie nicht aus dem eigenen Haushalt stammen, in der Nachbarschaft ihre Ursache haben. Nicht selten sind es ältere oder fehlerhafte Geräte wie Fernseher oder Monitore, die zum Teil sehr starke Störquellen darstellen. Es ist zum Beispiel schon oft davon berichtet worden, dass ältere Röhrenfernseher solche Störquellen darstellten. Inwieweit das in der heutigen Zeit noch aktuell ist, mag zwar dahingestellt sein. Allerdings sind heute sehr viele Plasmafernseher oder No-Name-Fernsehgeräte sowie andere Geräte der Unterhaltungselektronik im Einsatz, die entweder Defekte aufweisen oder die einfach schlecht abgeschirmt sind.

Welche Möglichkeiten gibt es im Falle einer Störung?

Ist die Fehlerquelle bzw. Störquelle erst einmal lokalisiert, ist in vielen Fällen das Problem schon so gut wie gelöst. Die als Störquellen entlarvten Geräte werden einfach außer Betrieb genommen. Aber ist es wirklich immer so einfach? Handelt es sich beim Verursacher um den der CB-Funkanlage selbst, kann dieser natürlich abwägen, ob das betreffende Gerät außer Betrieb genommen oder zumindest vorübergehend ausgeschaltet wird, solange ein Funkbetrieb erfolgt. Etwas anders sieht das dann aus, wenn die Störquelle in der Nachbarschaft zu finden ist. Hier kommt es auf das Verhältnis zu den Nachbarn an und auf die Einsicht, ein eventuell älteres Gerät stillzulegen, das starke Funkstörungen verursacht. Hier ist auch etwas Fingerspitzengefühl gefragt, um eine annehmbare Lösung herbeizuführen. Noch schwieriger ist dies, wenn es sich um eine Störquelle handelt, die sich nicht ohne Weiteres abschalten lässt. Das kann auch dann der Fall sein, wenn der Verursacher der Störungen uneinsichtig ist und auf direktem Wege keine Lösung des Problems herbeigeführt werden kann. Im Extremfall bleibt nur noch die Meldung bei der Bundesnetzagentur. Diese ist in der Lage, mit speziellen Mess- und Peilwagen direkt vor Ort die Ursachen für Störungen ausfindig zu machen. Das gilt dann, wenn Sie dazu aufgrund Ihrer wahrscheinlich doch eher eingeschränkten Möglichkeiten während einer Fehlersuche nicht in der Lage sind. Sie kann auch entsprechende Gegenmaßnahmen einleiten, um die Fehlerbeseitigung in die Wege zu leiten, was bei sehr starken Störungen des Funkbetriebes sicher auch in deren Interesse liegt. Die Bundesnetzagentur stellt übrigens auch Informationen über die Vorgehensweise bei Funkstörungen bereit. Das gilt für das Testen von Geräten ebenso wie für die Vorgehensweise, die bei Störungen außerhalb der eigenen Wohnung gilt, unter anderem auch die Kontaktaufnahme zur Funkstörungsannahme der

Bundesnetzagentur, die nach eigenen Angaben an sieben Tagen in der Woche rund um die Uhr erreichbar ist. Die aktuellen Kontaktdaten erhalten Sie auf der Website der Bundesnetzagentur (www.bundesnetzagentur.de).

Störungen beim Funkbetrieb in Fahrzeugen

Möglichkeiten für Störungen während des Funkbetriebs in Fahrzeugen gibt es viele. Die immer größere Anzahl an Steuergeräten und anderer Elektronikbausteine im Fahrzeug ist eine nicht zu unterschätzende Fehlerquelle bzw. Störquelle. Die Störsignale können sowohl über das Stromkabel in das Funkgerät gelangen als auch über die Antenne. Zum Teil sorgen sogar sehr dünne und mehr schlecht als recht abgeschirmte Antennenkabel dafür, dass die Störungen über den Antenneneingang in das Gerät gelangen können. Die Fehlersuche kann in einem solchen Fall einiges an Aufwand und Nerven kosten. Viele Störungen treten nur unter bestimmten Umständen auf. Hier eine allgemeine Anleitung zur Fehlerbeseitigung zu geben, ist etwas schwierig. Dennoch sollen einige Hinweise es Ihnen ermöglichen, das Problem einzugrenzen und der Störquelle möglicherweise so auf die Schliche zu kommen. Zunächst sollte festgestellt werden, wann die Störungen genau auftreten. Hier einige Möglichkeiten, die in Betracht kommen:

- Die Störungen treten nur bei laufendem Motor auf. Mögliche Fehlerquellen: Zündung und Einspritzanlage, Lichtmaschine
- Wenn die Störungen schon bei eingeschalteter Zündung auftreten, können Steuergeräte oder andere elektronische Einrichtungen im Fahrzeug die Fehlerquellen darstellen.
- Zusätzlich im Fahrzeug eingesetzte elektronische Geräte wie Kühlboxen, Hi-Fi-Anlagen oder Spannungswandler für 230 Volt sollten probeweise abgeschaltet werden.

- Gleiches gilt auch für im Fahrzeug zusätzlich verwendete Spannungswandler, zum Beispiel zum Aufladen von Laptops oder Smartphones.
- Verteilersteckdosen für den Zigarettenanzünder sind ebenfalls häufige Fehlerquellen, besonders dann, wenn das Funkgerät selbst über einen solchen Verteiler betrieben wird und dieser möglicherweise noch USB-Ladebuchsen (mit getakteten Spannungswandlern von 12 auf 5 Volt) enthält.
- Die Stromversorgung des Funkgerätes sollte bei stärkeren Störungen am besten direkt über ein separates Kabel erfolgen, das direkt an der Fahrzeugbatterie angeschlossen wird (Sicherung in der Plusleitung möglichst nahe an der Batterie nicht vergessen, Kabel mit ausreichendem Querschnitt verwenden, Massekabel am besten ebenfalls direkt an der Autobatterie anschließen).
- Überprüfen, ob die Abschirmung des Antennenkabels intakt ist und ob Beschädigungen des Anschlusses für die Antenne am Antennenstecker oder an der Antenne selbst vorhanden sind. Häufig sorgen auch schlecht abgeschirmte Kabel an minderwertigen Magnetfußantennen für eine erhöhte Empfindlichkeit gegenüber Störungen.

So blöd es auch klingen mag: Helfen alle am Fahrzeug und an der Funkanlage durchgeführten Maßnahmen gar nichts, kann es auch am Gerät selbst liegen. Es hat schon Fälle gegeben, in denen das Funkgerät quasi sich selbst gestört hat bzw. durch einen Defekt Störungen zu hören waren. Natürlich kann auch ein Defekt in der Fahrzeugelektronik vorliegen, der für massive Störungen sorgt. Im Zweifelsfall sollten Sie ruhig auch mal ein anderes Funkgerät probeweise anschließen, wenn das möglich ist. Hier noch einmal einige Tipps, die das Problem eingrenzen können:

- Wie schon erwähnt, sollten Sie ruhig einmal probeweise ein anderes Funkgerät verwenden.
- Ebenfalls probeweise können Sie eine andere Antenne anschließen (besonders einfach bei Magnetfußantennen).
- Gegebenenfalls können Sie auch die Antenne (sofern es sich um eine Magnetfußantenne handelt) testweise an einer anderen Stelle auf dem Fahrzeugdach anbringen und dabei das Kabel etwas anders verlegen.
- Schließen Sie das Funkgerät einmal an eine extra Stromversorgung in Form einer kleinen 12 Volt-Batterie an. Dies kann eine kleine Motorradbatterie sein oder ein Powerpack, mit dem auch Fahrzeuge überbrückt werden können. Häufig enthalten diese Geräte auch zusätzliche 12 Volt-Ausgänge.
- Helfen alle Maßnahmen nichts und ist das Problem auf das Fahrzeug zurückzuführen, sollten Sie möglicherweise die elektrische Anlage (Lichtmaschine und Fahrzeugelektronik) in einem Fachbetrieb überprüfen lassen.

In einigen Fällen helfen Entstörfilter für das Fahrzeug oder sogenannte Mantelwellenfilter, die in die Antennenleitung eingebracht werden. Inwieweit solche Entstörungsmaßnahmen zum Erfolg führen, muss im Einzelfall ausprobiert werden. Leider können an dieser Stelle nur sehr allgemeine Tipps und Hinweise zur Entstörung gegeben werden. Man muss sehr genau hinsehen und hinhören, wann und in welcher Form die Störungen auftreten bzw. sogar bei welchen Fahrzuständen. Teilweise sind es Komponenten der Einspritzanlage (Einspritzventile), die Störungen verursachen und die bei einem Schubbetrieb des Fahrzeugs abgeschaltet werden und dadurch die Störungen in diesem Zustand abnehmen oder ganz aussetzen. Zu erwähnen ist an dieser Stelle noch, dass bei Eingriffen in die Elektrik eines Fahrzeuges entsprechende Fachkenntnisse vorhanden sein sollten oder Sie lieber jemanden fragen sollten, der die entsprechenden Vorkenntnisse hat.

Gerade die modernen Fahrzeuge mit all den elektronischen Einrichtungen verlangen nach entsprechender Fachkenntnis. Das gilt insbesondere dann, wenn zum Bereitstellen der Stromversorgung für das Funkgerät oder weiteres Zubehör Anschlüsse an der Zentralelektrik des Fahrzeuges vorgenommen werden sollen. Dies sollte immer nur durch Fachleute geschehen. Ein falscher Anschluss der Stromversorgung an den Sicherungskasten oder die Zentralelektronik kann verheerende Folgen haben.

Ein altes CB-Funkgerät wieder in Betrieb nehmen

Ist da wirklich nix los auf dem Band oder ist das Ding doch kaputt? Diese Frage könnte auftauchen, wenn Sie ein altes Funkgerät wieder einmal in Betrieb nehmen wollen, das noch irgendwo in den Tiefen des Kellers oder auf dem Dachboden bzw. dem Speicher herumgelegen hat, möglicherweise für einige Jahrzehnte. Da wird das Gerät grob entstaubt und gereinigt, an eine alte Autobatterie gehängt und irgendwie an eine Antenne angeschlossen. Dieses Vorgehen ist natürlich nicht empfehlenswert. Da wäre zum Beispiel die Gefahr, das Gerät falsch mit der Stromversorgung zu verbinden oder eine ungeeignete Spannungsquelle einzusetzen. Außerdem muss die Antenne bei der ersten Inbetriebnahme des Gerätes (insbesondere natürlich bei der Inbetriebnahme der Antenne) eingestellt werden, Stichwort Stehwelle. Wird das nicht beachtet, ist wahrscheinlich wirklich nix los auf dem Band bzw. das Gerät ist nicht in der Lage, die Signale aufzunehmen. Im schlimmsten Fall droht sogar ein Schaden an der Sendeendstufe des Gerätes, was dann dem neuen Funkbetrieb ein jähes Ende setzt. Ganz so einfach ist es also doch wieder nicht. Allerdings auch nicht so besonders schwer. Es ist nur wichtig, einige wenige, dafür aber wichtige Kleinigkeiten zu beachten. Hier sind einige Tipps und Hinweise:

- Bevor Sie das Gerät überhaupt an eine Spannungsquelle anschließen, sollten Sie es zumindest einer gründlichen Sichtprüfung unterziehen. Sind irgendwelche Beschädigungen vorhanden und ist ein passendes Mikrofon dabei? Weist das Gerät deutlich Beschädigungen auf oder „riecht es nach Strom" (also verkokelt), sollten Sie es am besten erst einmal von einem Fachmann überprüfen lassen, wenn diese Möglichkeit besteht.
- Sie sollten unbedingt eine geeignete Spannungsquelle verwenden, beispielsweise ein stabilisiertes Netzgerät. Zur Not tut es auch eine Auto- oder Motorradbatterie mit 12 Volt. Achten Sie allerdings unbedingt auf die Polarität und auf das Vorhandensein einer Gerätesicherung (meistens im Kabel für die Stromversorgung des Funkgerätes eingesetzt). Die Sicherung (oft eine Glassicherung 5x20mm) sollte außerdem intakt sein.
- Verwenden Sie nur für den CB-Funk geeignete Antennen. Die Antenne muss auf den Frequenzbereich des Gerätes abgestimmt sein. Antennen für alte Fernseher oder Radios sind ungeeignet. Eine einfache Antenne lässt sich gegebenenfalls sogar selber herstellen.
- Die Stehwelle muss unbedingt richtig eingestellt werden, um vernünftige Ergebnisse bei der Verwendung des Funkgerätes zu erzielen. Außerdem ist die richtige Antenneneinstellung wichtig, um die Sendeendstufe des Funkgerätes zu schützen.
- Am besten ist es, wenn sich ein zweiter Funker in der Nähe befindet, um die Anlage einem ersten Test zu unterziehen. Vielleicht hat noch jemand aus Ihrer Bekanntschaft ein CB-Funkgerät. Natürlich tut es auch eine einfache Handgurke.

- Die Antenne sollte auf geeignete Weise angebracht werden.
  Handelt es sich um eine Magnetfußantenne, gehört diese auf
  das Autodach, für den Test zuhause tut es auch eine größere
  Metallplatte. Diese Masse in Form einer Metallplatte wird
  quasi als Gegenpol für den Strahler der Antenne benötigt.
  Fehlt sie, lässt sich auch die Stehwelle meistens nicht richtig
  einstellen.

*Eine kleine Bemerkung am Rande: Wenn Sie noch ein
Handfunkgerät besitzen, können Sie auf der nächsten Berg auch
schon einmal in die Kanäle hineinhorchen, ob bei Ihnen in der
Gegend überhaupt etwas auf dem Funk los ist. Vielleicht haben Sie
Glück und können so bereits die ersten Kontakte mit anderen
Funkern knüpfen. Wie schon erwähnt, eignet sich eine solche
Handgurke auch prima für den ersten Test einer neu aufgebauten
oder nach langer Zeit wieder in Betrieb genommenen Funkanlage.*

Beachten Sie aber auch, dass gerade sehr alte Geräte sich heute
kaum noch für eine vernünftige Nutzung eignen und eher
Liebhaberobjekte sind. Diese haben in der Regel nur eine sehr
begrenzte Anzahl von Kanälen (teilweise noch weniger als zwölf) und
meist auch eine geringere Ausgangsleistung. Außerdem fehlt bei
vielen Geräten aus den siebziger Jahren die heute gängige
Modulationsart FM. Das gilt übrigens für die Mobilfunkgeräte und
Heimstation ebenso wie für die Handfunkgeräte aus der damaligen
Zeit. Bis 1981 waren lediglich zwölf Kanäle erlaubt, ab da 22. Erst ab
1983 gab es schließlich 40 Kanäle, ab 1996 80 Kanäle. Wenn Sie es
mit einem älteren Gerät zu tun haben, lässt sich dieses
möglicherweise schon anhand der Kanalzahl zumindest ganz grob in
eine bestimmte Zeit einordnen. Die Geräte mit 22 Kanälen sind heute
sehr selten geworden. Sie wurden nur für einen relativ kurzen
Zeitraum angeboten. Mit der Einführung der 40 Kanäle wurden sie

seinerzeit sogar regelrecht verschleudert. Vielleicht werden diese
Geräte sogar einmal zu Sammlerobjekten. Aber das ist ein anderes
Thema. In der Abbildung sehen Sie ein älteres Funkgerät aus den
siebziger Jahren, das lediglich über zwölf Kanäle und die
Modulationsart AM verfügt. Geräte wie das dort gezeigte sind zwar
schön anzuschauen, da sie das typische Design der 1970er Jahre
haben. Für den heutigen Einsatz auf dem Funkband sind sie aber
wegen der geringen Kanalzahl, der Modulationsart ausschließlich AM
und der geringen Ausgangsleistung (hier lediglich 0,5 Watt) sowie der
damit verbundenen geringen Reichweite beim Senden weniger
geeignet. Etwas modernere Geräte wie das gezeigte mit der
Modulationsart FM haben immerhin 4 Watt Sendeleistung ab Werk
und können dadurch wesentlich höhere Reichweiten erzielen.

Altes CB-Funkgerät mit 12 Kanälen AM aus den siebziger Jahren

Durch etwas Nachhelfen (Stichworte: Oma oder Brenner) sind
natürlich noch wesentlich höhere Reichweiten drin. Es muss an dieser
Stelle aber darauf hingewiesen werden, dass der Einsatz solcher
Geräte in Deutschland illegal und daher nicht empfehlenswert ist.
Allerdings lassen sich viele Funker davon wenig beeindrucken und
setzen solche Nachbrenner gar nicht mal so selten ein. Dennoch sind

die alten Geräte aus der Anfangszeit des CB-Funks in Deutschland heute eher Sammlerobjekte als im praktischen Einsatz nutzbar.

Unter den alten Geräten gibt es auch durchaus noch brauchbare Ausführungen, auch hier nicht selten schon mit 80 Kanälen, meistens aber zumindest mit 40 Kanälen. Mit etwas Glück beherrscht das Gerät die Modulationsarten AM und FM. Handelt es sich um ein Gerät ausschließlich mit FM, reicht das zumindest für den Anfang aus, da FM im CB-Funk am häufigsten genutzt wird.

Kapitel 2: Sender und Empfänger im Funkgerät

Jetzt soll es um die Funktion des Fungerätes gehen, genauer gesagt um das Senden und den Empfang sowie der technischen Umsetzung. Schon im ersten Band konnten Sie am Ende des Buches einen ersten Einblick in das Innenleben eines Funkgerätes erhalten. Genau darauf soll jetzt etwas näher eingegangen werden. Schließlich geht es hier darum, welche Baugruppen bzw. Bestandteile ein Funkgerät enthält, wie es im Allgemeinen aufgebaut ist und welches die wichtigsten Komponenten sind. Natürlich unterscheidet sich der Aufbau der Geräte sehr stark je nach Hersteller und Gerätetyps. Dennoch gibt es einige Baugruppen oder Bestandteile, die in allen Geräten enthalten sein müssen. Es gibt überall einen Empfangsteil, einen Sender, weitere Komponenten wie Bedienteil sowie einen Verstärkerteil für den integrierten Lautsprecher. Die in diesem Buch gezeigten Innenansichten können aus verständlichen Gründen nur exemplarisch sein. Dafür geht es aber hier nicht nur um das Innenleben von CB-Funkgeräten für den Einsatz im Auto, sondern auch um das von tragbaren Geräten. Die grundlegenden Komponenten sind aber auch hier in ähnlicher Form vorhanden.

Die Baugruppen in einem Funkgerät

Ein CB-Funkgerät besteht im Wesentlichen aus einem Sende- und Empfangsteil. Damit unterscheidet es sich deutlich von einem Radiogerät, auch wenn der Empfangsteil dem eines Radios ähnelt. Der Sender wird oft auch als Transmitter (Abkürzung TX) bezeichnet, der Empfänger als Receiver (abgekürzt RX). Das Funkgerät selbst wird dementsprechend oft als Transceiver bezeichnet, eine Kombination aus **Trans**mitter und Re**ceiver**, da es beide Teile (Sender und Empänger) enthält. Transceiver werden auch in anderen Bereichen wie der Computertechnik (Netzwerktechnik) eingesetzt, weshalb die Begriffe dort ebenfalls verwendet werden. Ebenso werden Begriffe wie Receiver oder Transmitter woanders verwendet. Sicher kennen Sie den Begriff Receiver von einem Satellitenreceiver für das Fernsehen. Doch zurück zum Funkgerät. Um einen Überblick über den Aufbau des Gerätes zu erhalten, folgt zunächst eine schematische Darstellung von Sender und Empfänger. Diese zeigt die Prinzipschaltung einer sogenannten Zweiwege-Verbindung, wie diese in der Funktechnik eingesetzt wird. Eine Zweiwege-Verbindung ist es logischerweise, da von beiden Seiten aus sowohl gesendet als auch empfangen werden kann.

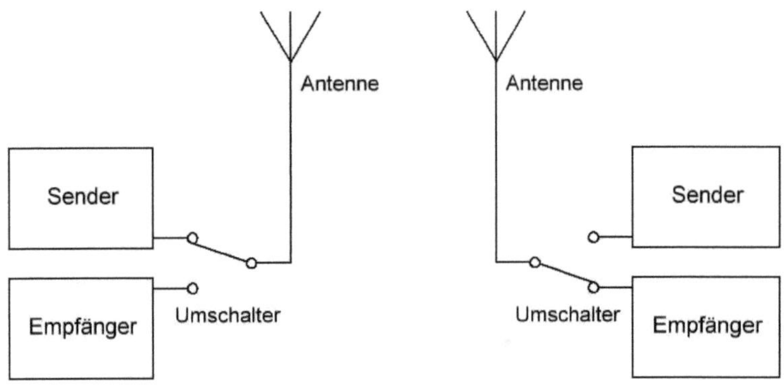

Schaltprinzip zweier Funkanlagen jeweils mit Sender und Empfänger

Der Umschalter in dieser Prinzipschaltung wird durch die Sendetaste am Mikrofon betätigt. Er besteht bei einigen älteren Geräten aus einem Relais, sodass man beim Drücken der Sendetaste ein Klicken hört. Bei moderneren Geräten erfolgt die Umschaltung elektronisch. Die Taste im Mikrofon sorgt nur für die Umschaltung bzw. liefert den Impuls für diese. Lediglich in einigen älteren Handfunkgeräten werden durch die Sendetaste direkt mehrere Schaltkontakte im Inneren des Gerätes betätigt. Soviel aber nur nebenbei zur Umschaltung vom Empfangsbetrieb auf den Sendebetrieb, die in dieser Skizze des Prinzips halber durch einen einfachen Umschalter dargestellt wird. Die Entfernung zwischen den beiden Antennen ist natürlich in Wirklichkeit wesentlich größer. Die Antenne ist die meiste Zeit über mit dem Empfänger verbunden und wird nur für den Sendebetrieb kurzzeitig auf den Sender geschaltet. Gleichzeitiges Senden und Empfangen ist mit dem Gerät nicht möglich, anders als beim Telefon mit Vollduplexbetrieb. Hier ist Sprechen und Hören gleichzeitig in beiden Richtungen möglich. Auf dem Funk hat es den Vorteil, dass einem beim Sendebetrieb kein anderer Funker dazwischenreden kann, allerdings auch den Nachteil, dass man während des Sendebetriebs keine Chance hat, andere Funkteilnehmer zu hören, auch wenn diese dennoch senden. Außerdem entsteht hierdurch noch ein weiterer Nachteil. Wenn zwei Funkteilnehmer in einer Funkgruppe gleichzeitig senden, so bekommen weitere Teilnehmer oft weder vom einen noch vom anderen mit, was gesagt wurde. Umgangssprachlich nennt man das häufig „bügen", „doppeln" oder „plattmachen".

> *(Voll-) Duplex ist eine bidirektionale Übertragung, also eine Sprach- oder Datenübertragung, bei der ein Kommunikationskanal richtungsunabhängig ist wie schon beschrieben beim Telefon. Die Aussendung eines Radioprogramms ist dagegen unidirektional (Simplex), funktioniert also nur in eine Richtung. Beim Funk gibt es bekanntermaßen jeweils Sender und Empfänger, demzufolge handelt es sich zwar um eine bidirektionale Übertragung, allerdings bei einer möglichen Übertragung zur gleichen Zeit in nur einer Richtung im Gegensatz zum Telefon nur um ein Halbduplex-Verfahren.*

Natürlich bestehen beide Teile (Sendeteilen und Empfangsteil) in Wirklichkeit aus mehreren Komponenten und sind wesentlich komplizierter aufgebaut als in diesem Schaltungsprinzip gezeigt. Darauf soll nun eingegangen werden. Es beginnt mit dem Sendeteil, der sich wiederum aus mehreren Komponenten zusammensetzt.

Der Sendeteil

Sender gibt es in vielen verschiedenen Arten. Die Grundfunktion ist jedoch immer die gleiche. Sie besteht darin, Informationen irgendwelcher Art mithilfe elektromagnetischer Wellen drahtlos zu übertragen. Die einfachsten Sender bestehen aus einem sogenannten Oszillator. Dieser Baustein erzeugt die Hochfrequenz, die nachher von der Antenne abgestrahlt wird und die sich in Form elektromagnetischer Wellen ausbreitet. Der Begriff Oszillator kommt aus dem lateinischen und bedeutet soviel wie schaukeln oder besser gesagt schwingen, und genau darin besteht dessen Grundfunktion. Es werden elektromagnetische Schwingungen erzeugt, die im Frequenzbereich des Senders liegen, beim CB-Funk also bei etwa 27 Megahertz (MHz). Es entstehen pro Sekunde 27 Millionen Schwingungen, da eine Frequenz von 1 MHz einer Schwingungszahl von einer Million pro Sekunde entspricht. Die genauen Funkfrequenzen aus dem CB-Funk für jeden einzelnen Kanal kennen Sie bereits aus dem vorangegangenen Band. Der Oszillator arbeitet also mit rund 27 Millionen Schwingungen pro Sekunde und gibt diese Signale über mehrere Verstärkerstufen aufbereitet und mit der Modulation versehen (dazu gleich mehr) schließlich an die Antenne ab, welche die elektromagnetischen Wellen dann aussendet.

Prinzip der Signalübertragung per Funk

Allerdings gehört zu einem Sender noch etwas mehr dazu, schließlich werden ja nicht einfach nur irgendwelche Schwingungen ausgesendet. Es soll Sprache über den Sender an den Empfänger übertragen und dort wieder hörbar gemacht werden. Neben dem

Hochfrequenzerzeuger werden also im Sendeteil noch ein paar andere Komponenten benötigt. Nebenbei bemerkt: Es gibt viele verschiedene Sendertypen für unterschiedliche Einsatzbereiche, deren Aufbau sich zum Teil erheblich voneinander unterscheidet. Die Grundfunktion, nämlich die Erzeugung von hochfrequenten Wellen zur Übertragung anderer Signale (akustische Signale wie Sprache und Musik, Bilder, Daten und weitere Signale), ist jedoch im Prinzip immer die gleiche. Auf die verschiedenen Arten von Oszillatoren und Sendeanlagen einzugehen, würde den Rahmen des Buches und der Thematik sprengen.

Der Sendeteil und seine Komponenten

Zunächst folgt eine Prinzipschaltung, wie diese in ähnlicher Form auch in einem CB-Funkgerät zum Einsatz kommt. Sie sehen die einzelnen Stufen, aus denen der Sendeteil besteht, wovon Ihnen möglicherweise einige Komponenten zunächst nichts sagen werden, andere dagegen zumindest vom Namen her schon ein Begriff sind.

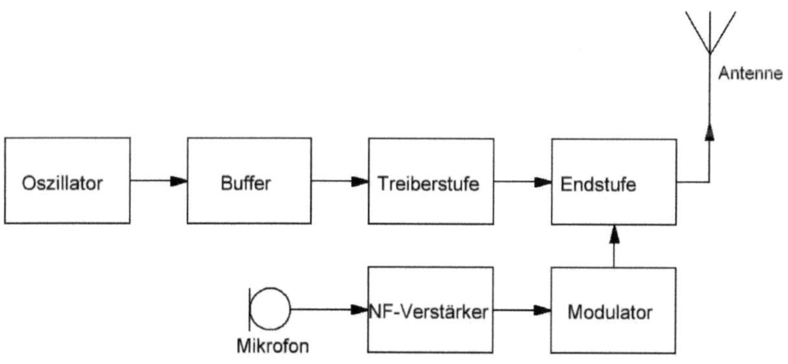

Schematische Darstellung des AM-Senders im Funkgerät

Nun zu den einzelnen Komponenten eines solchen Senders:

- Der Oszillator erzeugt die für den Sendebetrieb notwendige Hochfrequenz (HF), die als Grundlage oder als „Transportmedium" für die modulierten NF-Signale (Niederfrequenzssignale, also die Sprache) dient.
- Der Buffer dient dazu, das vom Oszillator erzeugte HF Signal von weiteren Verstärkerstufen zu entkoppeln. Dies ist notwendig, um durch nachgeschaltete Verstärkerstufen keine Beeinträchtigung der Oszillatorfrequenz zu verursachen. Sie können sich dies vorstellen wie ein Ventil, durch das die Signale zur nächsten Stufe gelangen können, ohne dass das Ausgangssignal der Vorstufe noch in irgendeiner Form durch die folgenden Stufen beeinflusst werden kann. In dieser Stufe findet nicht unbedingt auch eine Verstärkung der Signale statt.
- Der Modulator versieht das Signal schließlich mit der zu übermittelnden Information, also der Sprache. Dabei unterscheidet man zwischen der Amplitudenmodulation und der Frequenzmodulation.
- Die Treiberstufe dient dazu, das vom Oszillator erzeugte und noch relativ schwache Signal zu verstärken, bevor es schließlich zur Endstufe gelangt.
- Die Endstufe erzeugt die gewünschte HF-Leistung des Senders (quasi den Träger, beim CB-Funk in der Regel bis zu 4 Watt, zumindest in Deutschland). Diese ist notwendig, um die Signalübertragung über weitere Entfernungen zu ermöglichen. Dieses Signal wird anschließend zur Antenne weitergeführt. Wichtig bei den Verstärkerstufen ist es, dass die Signale möglichst ohne Verzerrungen und ohne sonstige Beeinträchtigungen verstärkt und weitergegeben werden.

AM- und FM-Modulation

Am Anfang steht der Oszillator, der die Grundfrequenz für das zu
sendende Signal bereitstellt. Der Modulator beeinflusst beim AM-
Sender die Spannung (Amplitude) des vom Oszillator erzeugten HF-
Signals. Gespeist wird er von einem Audiosignal aus einem Mikrofon,
das davor durch einen NF- Verstärker verstärkt wurde. Der
Modulator benötigt ein Signal mit einer gewissen Signalstärke,
deshalb die Verstärkerschaltung. Handelt es sich um einen FM-
Sender, beeinflusst die Modulation in gewissen Grenzen auch die
Trägerfrequenz, also die Sendefrequenz, daher auch der Begriff
Frequenzmodulation. Die schematische Darstellung eines FM-
Senders sieht daher auch etwas anders aus. Das durch den
Modulator beeinflusste HF-Signal wird anschließend durch mehrere
Verstärkerstufen aufbereitet und schließlich an die Antenne
abgegeben und dort in Form elektromagnetischer Wellen
ausgesendet.

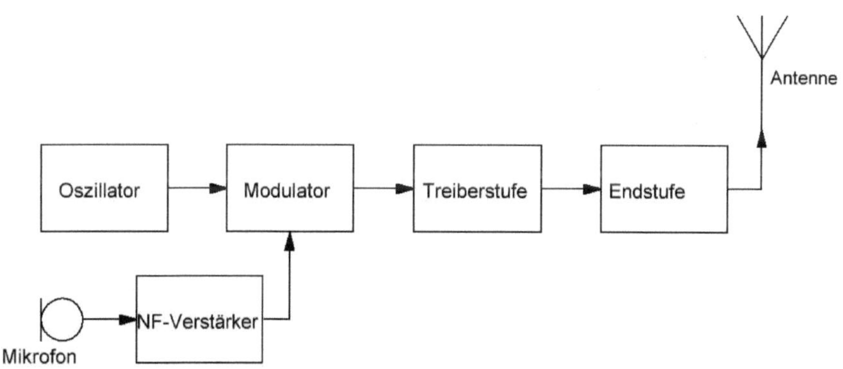

Darstellung eines FM-Senders in einem Funkgerät

Der PLL-gesteuerte Oszillator

Moderne Baugruppen bzw. Baugruppen in moderneren Funkgeräten arbeiten nach dem Prinzip der sogenannten PLL-Synthesizer. Die Buchstaben PLL stehen dabei für „Phase Lock Loop". Diese englischen Begriffe stehen für eine sogenannte Phasenregelschleife, ein Regelkreis, der einen gesteuerten Oszillator enthält. Die Phase bezeichnet dabei die aktuelle Position im Verlauf des sinusförmigen Oszillatorsignals, die nachgeregelt wird. Dabei handelt es sich in der Regel um ganze Vielfache des Referenzsignals, das von einem Quarzoszillator erzeugt wird. Der Vorteil dieser Schaltungsart besteht darin, dass eine beliebig hohe Anzahl von verschiedenen Sendefrequenzen erzeugt werden kann, ohne dafür eine entsprechende Anzahl von einzelnen Quarzen bzw. Quarzpaaren pro Kanal zu benötigen. Funkgeräte der älteren Generationen benötigten dazu pro Kanal ein Quarzpaar. Dazu später noch mehr.

Die Frequenzen für den Sendebetrieb können mithilfe der phasenverriegelten Schleife (PLL heißt ja nichts anderes) also mit relativ geringem Aufwand und sehr genau eingehalten werden, was auf dem CB-Funk unabdingbar ist. Alleine schon wegen der gesetzlichen Vorgaben müssen die Frequenzen präzise eingehalten werden. Ein Oszillator, der etwas „daneben schwingt", ist alles andere als wünschenswert und kann das Funkband erheblich stören. Das macht sich nicht zuletzt bei defekten bzw. nicht korrekt eingestellten Geräten bemerkbar, die oftmals frequenzmäßig etwas daneben liegen. Die PLL-Synthese erlaubt die Einstellung der gewünschten Frequenz mithilfe einer digitalen Codierung, wobei eventuelle Abweichungen durch Temperaturänderungen oder Ähnliches automatisch korrigiert werden. Es handelt sich also um einen Regelkreis, in dem die momentan durch den Oszillator erzeugte Frequenz ausgewertet und mit einem Referenzsignal verglichen wird.

Der Vergleich erfolgt in der jeweiligen Phasenlage. Kommt es hier zu einer Abweichung, kann die Regelschaltung entgegenwirken, noch bevor es zu einer nennenswerten Änderung der Frequenz kommt.

Um die Funktion noch einmal zu verdeutlichen, hier eine kurze Erläuterung:

- Ein sogenannter spannungsgesteuerter Oszillator (engl. Voltage Controlled Oscillator, kurz VCO) erzeugt eine Frequenz, die einem einstellbaren Frequenzteiler zugeführt wird.
- Im Anschluss wird die Frequenz mithilfe eines sogenannten Phasenvergleichers mit einer stabilen Referenzfrequenz verglichen.
- Je nach Ergebnis des Vergleichs erfolgt anschließend eine Anpassung der Steuerspannung für den spannungsgesteuerten Oszillator (VCO), um diesen auf der gewünschten Frequenz (ein Vielfaches der Referenzfrequenz) zu halten.
- Die Teilung des programmierbaren Frequenzteilers ermöglicht dabei die Einstellung der gewünschten Ausgangsfrequenz.

Die PLL-Schaltung besteht vereinfacht gesagt also aus dem spannungsgesteuerten Oszillator (VCO), dem Phasenvergleicher, einem einstellbaren Frequenzteiler sowie der zur Verfügung gestellten Quarzreferenz zur Erzeugung der Referenzfrequenz. Es handelt sich hierbei um den prinzipiellen Aufbau, wobei in der Praxis noch zusätzliche Komponenten wie etwa Mischerschaltungen und Ähnliches eingesetzt werden können.

Quarzpaare in älteren Funkgeräten

Viele der Funkgeräte der ersten Generation(en) verwendeten Oszillatoren mit umschaltbaren Quarzpaaren, da sowohl für den Sendebetrieb als auch für den Empfangsteil jeweils ein eigener Quarz benötigt wurde. Das mag bei Funkgeräten mit drei oder vier Kanälen noch gehen. Selbst einige Funkgeräte mit zwölf Kanälen wurden noch mit Quarzpaaren für jeden einzelnen Kanal ausgestattet. Immerhin sind es dann schon 24 Stück. In der Abbildung sehen Sie zwei ältere Handfunkgeräte mit vier Kanälen, die schon acht Quarze (jeweils zwei pro Kanal) enthalten.

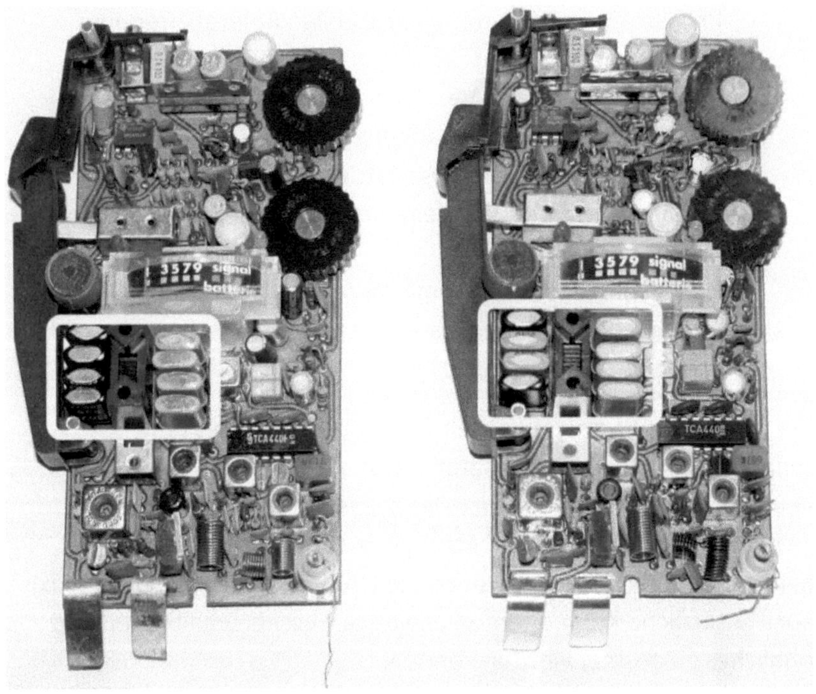

Quarzpaare in Handfunkgeräten mit vier Kanälen

Sie können sich wohl vorstellen, wie es in einem solchen Gerät
aussehen würde, das 40 oder sogar 80 Kanäle hat. Der
schaltungstechnische Aufwand wäre kaum noch vertretbar, ganz zu
schweigen von den Kosten, die durch die vielen einzelnen Quarze
entstehen würden und deren Platzbedarf. Moderne Funkgeräte
könnten wohl kaum derart kompakt aufgebaut werden, wenn pro
Kanal zwei Quarze eingesetzt werden müssten. Deshalb verwendet
man heute andere Schaltungsarten wie die eben genannten
Verfahren der Frequenzsynthese.

Die Verstärkung von (Mikrofon-) Signalen

Die vorangegangenen Schaltungen für Funksender benötigen ein
Modulationssignal mit einer gewissen Stärke. Das
Niederfrequenzsignal aus dem Mikrofon würde alleine bei weitem
nicht ausreichen, um die Modulation der HF-Verstärkerstufen zu
bewirken. Um dieses Problem zu lösen, wird ein
Modulationsverstärker eingesetzt, der in der Regel aus mehreren
Verstärkerstufen besteht. Die aus dem Mikrofon gewonnenen Signale
werden mithilfe gängiger Schaltungen aus der Niederfrequenztechnik
realisiert. Theoretisch wäre es auch möglich, NF-Signale mit höheren
Signalspannungen in die Sendestufe einzuspeisen, dies wird jedoch
beim CB-Funk nicht gemacht, da hier ausschließlich Signale aus einem
Mikrofon verstärkt werden müssen (abgesehen vielleicht von
Tonsignalen für Roger-Piep oder aus einen Selektivruf). Mikrofone
liefern Signale mit äußerst geringen Pegeln, deren Verstärkung relativ
einfach mit ein paar Transistoren und einer Hand voll Bauteile
erfolgen kann. Jeder, der sich schon einmal mit der Elektronik
beschäftigt hat, dürfte die einfach aufzubauenden
Verstärkerschaltungen kennen, die genau zu diesem Zweck dienen.
Ein NF-Leistungsverstärker kommt im CB-Funk ebenfalls zum Einsatz.
Dieser dient dazu, das vom Empfänger bereitgestellte Signal soweit

zu verstärken, dass es über einen Lautsprecher wiedergegeben
werden kann. Viele Funkgeräte besitzen auch eine sogenannte PA-
Funktion (PA = Power Amplifier). Mithilfe dieser Funktion ist es
möglich, das durch den Mikrofon-Vorverstärker bereits aufbereitete
Signal direkt über die Lautsprecher-Endstufe des Gerätes und einen
externen Lautsprecher wiederzugeben. Vorverstärker zum
Aufbereiten des Mikrofonsignals sind übrigens auch in sogenannten
Verstärkermikrofonen enthalten, oft in Verbindung mit zusätzlichen
Niederfrequenzschaltungen wie einem Echo. Diese Schaltungen
werden meist von zusätzlichen Batterien gespeist und dienen dazu,
die Modulation des Gerätes noch einmal verbessern, um zum Beispiel
bei Verbindungen mit relativ hoher Distanz besser verstanden zu
werden.

Frequenzmodulation und Hub

Wenn es beim CB-Funk um den Senderteil und die
Frequenzmodulation geht, fällt häufig der Begriff Hub. Wie bereits
erläutert, wird bei der Frequenzmodulation die Trägerfrequenz (also
die eigentliche Senderfrequenz) im Rhythmus der
Modulationsfrequenz (also der Niederfrequenz in Form von Sprache)
variiert. Es erfolgt also nicht wie bei der Amplitudenmodulation eine
vom NF-Signal abhängige Veränderung der Stärke des
Ausgangssignals, sondern eine geringfügige Veränderung der
Sendefrequenz.

> *Die durch die Modulation verursachte Änderung der*
> *Trägerfrequenz wird auch als Frequenzhub oder einfach nur als*
> *Hub bezeichnet. Es handelt sich hierbei um die Differenz zwischen*
> *der höchsten und der niedrigsten Frequenz des FM-Signals auf*
> *dem jeweiligen Kanal, wobei durch die (Gesamt-) Amplitude des*
> *Modulationssignals die höchsten und die niedrigsten*
> *Frequenzwerte entstehen.*

Ein zu hoher Hub ist beim CB-Funk ebenso problematisch wie ein zu geringer. Bei einem zu geringen Hub nimmt die Verständlichkeit des übertragenen Sprachsignals sehr schnell ab, vor allem über größere Distanzen. Ist das Signal aber zu stark, übersteuert es sehr schnell, worunter die Verständlichkeit ebenfalls leidet. Hier tritt aber noch ein weiteres Problem auf, da ein zu hoher Hub im schlimmsten Fall zu einer Beeinträchtigung der Nachbarkanäle führt. Das FM-Signal benötigt in diesem Fall eine höhere Bandbreite, als dies gewünscht (und erlaubt) ist. Tatsächlich ist der Hub auch gesetzlich auf einen Wert von 2,0 kHz begrenzt. Die Hersteller der Funkgeräte justieren den Hub meist noch deutlich darunter, teilweise auf etwa 1,5 kHz. Neben den eben genannten Gründen der Beeinträchtigung der Nachbarkanäle kann aber ein zu sehr hoher Hub in Verbindung mit Verstärkermikrofonen genau das Gegenteil von dem bewirken, was eigentlich erreicht werden soll. Das übertragene Signal wird beim Empfänger schwächer gehört, meistens in Verbindung mit starken Verzerrungen. Dies liegt unter anderem daran, dass Sender mit einem zu stark eingestellten Hub und angeschlossenem Verstärkermikrofon ein hohes Signal erzeugen, das außerhalb der Empfängerbandbreite liegen kann und daher die eben erwähnten Einschränkungen mit sich bringt. Auf das Thema Verstärkermikrofone und Einstellungen innerhalb der Geräte wird allerdings später noch näher eingegangen.

Der Sender und die Antenne

Das Sendesignal wird schließlich an die Antenne abgegeben, wobei die Antennenanpassung extrem wichtig ist. Gefährdet ist hier vor allen Dingen die Endstufe des Senders, die je nach Bauart des Funkgerätes aus einem oder zwei Leistungstransistoren bestehen kann. Je nach Bauart wird bei einigen Funkgeräten erst in der Endstufe das niederfrequente Signal (NF-Signal) zum HF-Signal dazugemischt. Die Antenne ist quasi die Schnittstelle zur Außenwelt und übernimmt damit eine sehr wichtige Aufgabe. Sie muss optimal auf die Funkanlage abgestimmt sein, damit die Funksignale ohne größere Verluste an die Umgebung abgegeben werden. Außerdem spielt der Standort der Antenne eine große Rolle. Mehr zum Thema Antenne, Antennenabstimmung und Standort können Sie im Kapitel 5 nachlesen, in dem es um die Antennentechnik geht.

Weitere Unterschiede FM und AM

Die ersten CB-Funkgeräte verfügten nur über die Modulationsart AM. Erst ab etwa 1977 gab es die ersten FM-Funkgeräte für den CB-Funk. Die Einführung der Modulationsart FM kam aber nicht von ungefähr. Tatsächlich bringt diese Modulationsart einige Vorteile mit sich wie etwa die geringerer Empfindlichkeit gegenüber atmosphärischen oder sonstigen Störungen, die sich bei den AM Systemen wesentlich stärker bemerkbar machen. Die Frequenzmodulation ermöglicht eine wesentliche Verbesserung des Signal/Rauschverhältnisses am Ausgang des Empfängers gegenüber AM.

Durchgesetzt hat sich die Modulationsart FM daher schon relativ früh. Das mag auch daran gelegen haben, dass es nach der Einführung der 40 Kanäle sehr schnell Geräte auf dem Markt gab, die lediglich über die Modulationsart FM verfügten. Als für den CB-Funk noch Gebühren bezahlt werden mussten, waren reine FM-Geräte schon gebührenfrei, für die Geräte mit AM und FM oder AM mussten noch einige Zeit lang monatlich Gebühren bezahlt werden, auch für Feststationen waren monatliche Gebühren fällig. Das galt auch für Mobilfunkgeräte, die mit einem Netzteil als Spannungsquelle als Feststationen genutzt wurden. Heute gibt es diese Gebühren aber nicht mehr, der CB-Funk ist heute anmelde- und gebührenfrei nutzbar. Kosten fallen nur für die Funkanlage und den Strom für Funkgerät und etwaige weitere Geräte an.

Der Empfängerteil

Was nützt der beste Sender, wenn die von diesem ausgesendeten Signale nicht wieder empfangen werden können? Im CB-Funkgerät ist neben dem Sender auch gleich der dazu passende Empfänger enthalten, schließlich will man seinen Gesprächspartner auch hören. Die einfachsten Formen von Empfängern für Radiosignale (schließlich handelt es sich dabei auch nur um Funksignale) stellten die Detektorempfänger dar, die mit nur sehr wenigen Bauteilen auskamen und die bei Kopfhörerbetrieb noch nicht einmal eine zusätzliche Stromversorgung benötigten. Später folgten dann die sogenannten Audion-Empfänger, die bereits mit Elektronenröhren ausgestattet waren und die eine Verstärkung der HF- und NF-Signale möglich machten, wenngleich die Verstärkung der Niederfrequenzsignale auch schon beim Detektorempfänger möglich war. Diese Empfänger verstärkten und demodulierten die empfangenen HF-Signale ganz anders als die Nachfolger in Form der Superhets ohne Frequenzumsetzungen, weshalb sie häufig auch als Geradeausempfänger bezeichnet wurden.

AM-Superhetempfänger

Auf die ebenfalls noch relativ einfach aufgebauten Audion-Empfänger folgten schließlich die Super-Heterodyne-Empfänger, kurz Superhetempfänger, wie diese in den meisten analogen Radiogeräten und auch in den CB-Funkgeräten zu finden sind. Es handelt sich wie bei den Detektorempfänger und Audionempfängern auch hier um AM-Emfänger, auf die in diesem Abschnitt eingegangen werden soll. Superhetempfänger sind etwas komplizierter aufgebaut als die zuvor erwähnten Geradeausempfänger. Das empfangene hochfrequente Signal gelangt zusammen mit einem ebenfalls hochfrequenten Signal eines Oszillators mit einstellbarer Frequenz entweder direkt oder nach einer Verstärkerstufe zu einer sogenannten Mischstufe. Diese erzeugt anhand dieser beiden Signale eine feste Zwischenfrequenz. Diese Vorgehensweise hat einige Vorteile. So werden keine weiteren HF-Vorverstärker benötigt. Die auf diese Weise erzeugten Zwischenfrequenzen liegen in wesentlich niedrigeren Frequenzbereichen als das Eingangssignal. Sie können wegen der niedrigeren Frequenzen besser weiterverarbeitet und verstärkt werden. Auf die ZF-Stufe folgt schließlich der Demodulator. Die daraus gewonnenen NF-Signale werden danach einem NF-Verstärker (Audioverstärker) zugeführt, um schließlich über den Lautsprecher wieder in akustische Signale umgewandelt zu werden. In der Praxis unterscheidet man zwischen den eben erwähnten Superhetempfängern und Empfängern, die nach dem Prinzip der sogenannten Doppelmischung arbeiten, die Doppel-Superhetempfänger. Diese Exemplare weisen eine Zwischenstation in Form einer zusätzlichen Mischstufe mit nachgeschaltetem ZF-Verstärker auf. Es wird zunächst eine höhere Zwischenfrequenz erzeugt, ehe schließlich mithilfe der zweiten Mischstufe die sonst übliche Zwischenfrequenz erreicht wird. Dieses Verfahren birgt den Vorteil einer besseren Spiegelfrequenzselektion. Bei der Spiegelfrequenz handelt es sich um eine nicht gewünschte Empfangsfrequenz, die aufgrund des im Superhet-Empfäger verwendeten Mischprinzips zusammen mit der gewünschten Empfangsfrequenz entsteht. Durch die zweite Mischstufe und die Erzeugung einer tieferen Zwischenfrequenz entsteht ein zweites Zwischenfrequenzsignal, das wiederum verstärkt und dem Demodulator zugeführt wird. Die Verwendung einer tieferen Zwischenfrequenz erlaubt eine bessere Weiterverarbeitung der Signale mitsamt Verstärkung. Die nächsten beiden Skizzen zeigen den Aufbau eines Superhetempfängers und den eines Doppel-Superhetempfängers. So wird der Unterschied im Aufbau deutlicher. Superhetempfänger werden wegen der Überlagerung bzw. Mischung der empfangenen Frequenz mit einer Oszillatorfrequenz häufig auch als Überlagerungsempfänger bezeichnet.

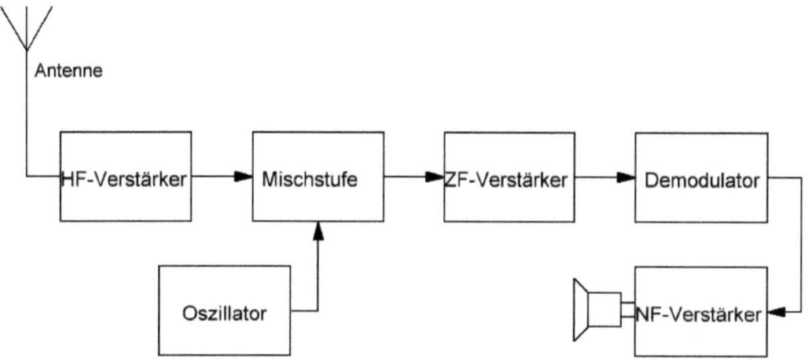

Superhetempfänger im Schema mit einer Mischstufe

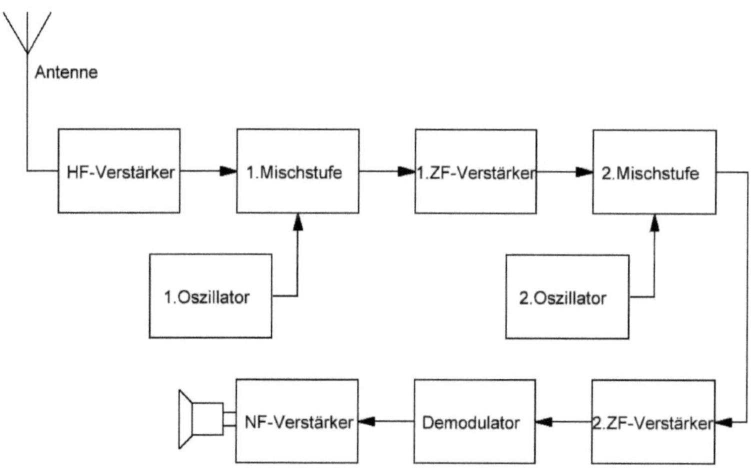

Doppel-Superhetempfänger mit zwei Mischstufen

FM-Superhetempfänger

Natürlich unterscheiden sich die Prinzipschaltungen von Empfängern für verschiedene Modulationsarten nochmals voneinander. Ebenso wie AM- und FM-Signale durch den Sender auf unterschiedliche Art und Weise erzeugt bzw. mit der Modulation versehen werden, so bedarf es auch beim Empfang eines unterschiedlichen Aufbaus. CB-Funkgeräte erlauben, sofern sie nicht für das Senden und den Empfang von Signalen in nur einer Modulationsart vorgesehen sind, eine Umschaltung, die dann sowohl für den Sendebetrieb als auch für den Empfang vorgenommen wird. In der folgenden Abbildung sehen Sie einen FM-Superhetempfänger. Er enthält statt der beim AM-Empfänger üblichen Demodulatorstufe einen Begrenzer sowie eine Diskriminatorstufe. Der Begriff „discriminare", von der diese Baugruppe ihren Namen hat, bedeutet soviel wie trennen. Die hier verwendete Diskriminatorstufe dient dazu, die frequenzmodulierten Empfängersignale zu demodulieren. Es wird quasi eine Art der Umwandlung von Frequenzänderungen in Amplitudenänderungen durchgeführt.

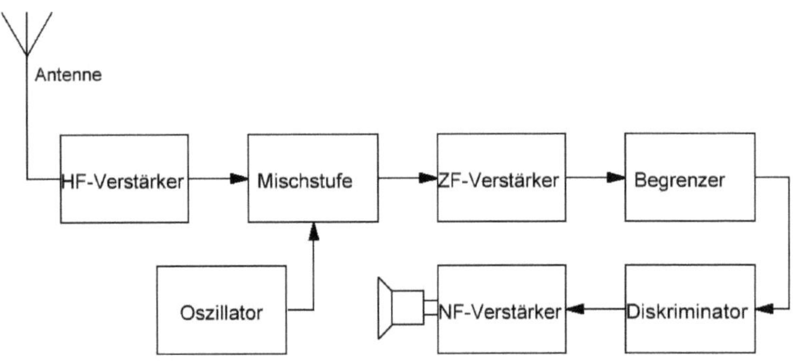

Superhetempfänger für frequenzmodulierte Signale

Der Begrenzer in der Schaltung dient dazu, Störungen aus dem Signal herauszufiltern. Solche Störungen können zum Beispiel in Form von Amplitudenänderungen durch Amplitudenmodulation der empfangenen Signale entstehen, die bei der weiteren Verarbeitung ohne den Begrenzer zu Empfangsstörungen führen würden. Die Verwendung dieser Baugruppe erfordert ausreichend verstärkte Signale. Die Diskrimininatorstufe erfüllt in einem FM-Empfänger also eine ähnliche Funktion wie der Demodulator.

Die Einseitenbandtechnik SSB (Single Side Band)

Viele der höherwertigen und besser ausgestatteten Funkgeräte verfügen neben den gängigen Modulationsarten AM und FM über eine weitere Technik, die sogenannte Einseitenbandtechnik bzw. Einseitenbandmodulation, kurz SSB. Diese Modulationsart wird ebenfalls schon seit vielen Jahrzehnten auf dem Funk angewendet, allerdings ist sie hierzulande nicht so gängig wie andernorts. Doch was hat es mit dieser Technik auf sich? Entstanden ist sie unter anderem zur besseren Nutzung des für den CB-Funk vorgesehenen Frequenzbereichs. Dazu zunächst einige Erläuterungen.

Wird ein Funksignal ausgesendet, egal ob über AM oder FM, besteht dieses aus einem sogenannten Träger (der eigentlichen HF-Schwingung, häufig auch als Trägerwelle oder Trägersignal bezeichnet) sowie aus der Modulation. Diese erzeugt jeweils ober- und unterhalb der Trägerwelle ein sogenanntes Seitenband. In der folgenden Skizze sehen Sie eine schematische Darstellung des Trägers und der Seitenbänder eines solchen Signals.

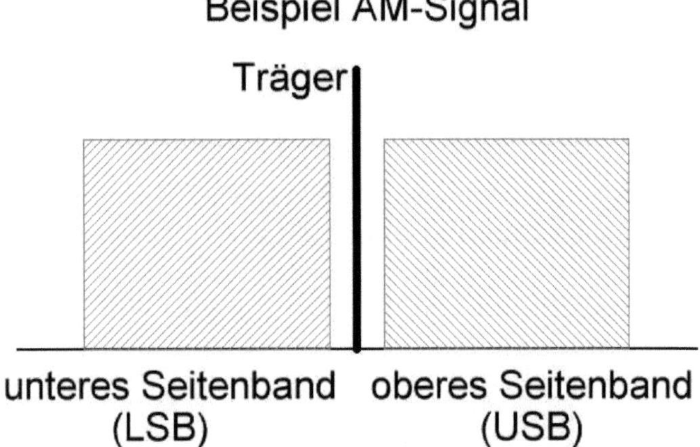

Modulation Trägerwelle mit Seitenbändern

Die folgende schematische Darstellung zeigt ein mit
Einseitenbandmodulation gesendetes Signal. Hier wurden sowohl
Träger als auch oberes Seitenband unterdrückt. Lediglich das untere
Seitenband wird gesendet, und das ohne Träger. Wenn man sich die
Breite der Skizze als ein Teil der für den Funk zur Verfügung
stehenden Bandbreite vorstellt, wird sehr schnell deutlich, dass durch
die Verwendung dieser Modulationsart und ein gewisser Teil des
Frequenzbandes eingespart werden kann. Theoretisch ist es sogar
möglich, sowohl das untere als auch das obere Seitenwand getrennt
für eine Übertragung zweier unterschiedlicher Signale zu verwenden.
Ebenso wie das untere Seitenband verwendet werden kann, ist es
natürlich auch möglich, lediglich das obere Seitenband zu verwenden.

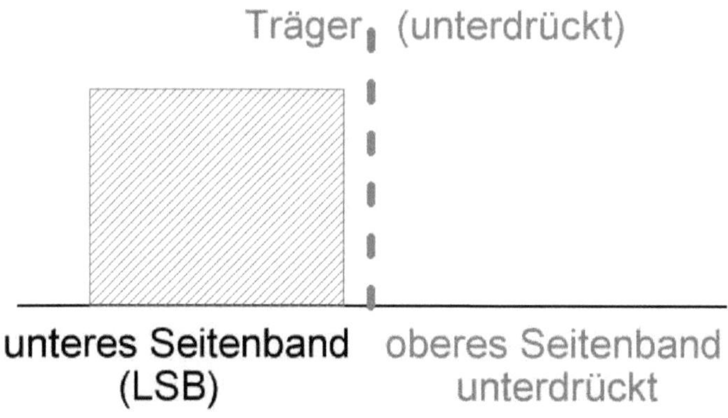

SSB-Übertragung mit unterem Seitenband

Nochmals eine Erläuterung zur Bandbreite: Diese wird bei der Modulationsart AM bestimmt durch die doppelte Bandbreite der zu übertragenden Informationsfrequenz. Die beiden Seitenbänder enthalten symmetrisch die gleichen Informationen, wobei man beim unteren Seitenband von einer Kehrlage und dem oberen Seitenband von der Lage der Frequenzfolge der Informationen spricht. Beim Einseitenband auf dem Funk wird zusätzlich zum zweiten Seitenband auch der Träger unterdrückt. Etwas Verwirrung gibt es zum Teil bei den Bezeichnungen für das obere und das untere Seitenband für die Modulationsart an sich. Im englischen beispielsweise spricht man vom „Upper Side Band" (abgekürzt USB), auf Deutsch heißt es oberes Seitenband, abgekürzt OSB. Das englische „Lower Side Band" (LSB) wird im Deutschen bezeichnet als untere Seitenband, abgekürzt also USB, so wie in der englischen Sprache das obere Seitenband.

Die Modulation für die SSB-Übertragung

Die Übertragung von Funksignalen über SSB erfolgt nach unterschiedlichen Methoden. Eines der gängigen Verfahren ist die sogenannte Filtermethode. Für dieses Verfahren werden zwei Signale in einen sogenannten Ringmodulator eingespeist, das hochfrequente Trägersignal und das Audiosignal, das zuvor verstärkt wurde. Das aus dem Ringmodulator gelangende Signal enthält nach wie vor beide Seitenbänder. Jetzt kommt der eigentliche Filter zum Einsatz, in dem das Zweiseitenbandsignal mitsamt Träger eingespeist wird. Die Trägerfrequenz und eines der beiden Seitenbänder werden nun herausgefiltert. Das HF-Signal aus dem Filter hat allerdings eine wesentlich geringere Frequenz als die für den CB-Funk übliche in Höhe von ca. 27 MHz. Das aus dem Filter gewonnene Signal muss also zunächst auf die Sendefrequenz gebracht und schließlich verstärkt und an die Antenne abgegeben werden. Dazu sind weitere Baugruppen notwendig. Eine davon stellt eine entsprechend hohe Frequenz zur Erzeugung des gewünschten HF-Signals zur Verfügung, die zweite Baugruppe besteht aus einer sogenannten Mischstufe, mit deren Hilfe das Einseitenbandsignal und das hochfrequente Signal gemischt werden. Das daraus entstandene Hochfrequenzsignal wird nun schließlich einem HF-Leistungsverstärker zugeführt, der es wiederum an die Antenne abgibt. In der folgenden Skizze sehen Sie die schematische Darstellung der kompletten Schaltung, aus der die Funktionsweise hervorgehen soll. Die durch diese Schaltung erzeugten Signale liegen je nach Verwendung des oberen oder unteren Seitenband etwas oberhalb oder unterhalb der ursprünglichen Trägerfrequenz. Die Übertragung der Signale kann mit deutlich geringerer Bandbreite erfolgen. Allerdings sollte auch nicht verschwiegen werden, dass die Übertragungsqualität der Sprachsignale etwas gewöhnungsbedürftig ist. Wenn Sie zum ersten Mal SSB verwenden, werden Sie den Unterschied gegenüber den anderen und Modulationsarten deutlich heraushören. Doch zu den Vor- und Nachteilen können Sie später noch mehr lesen.

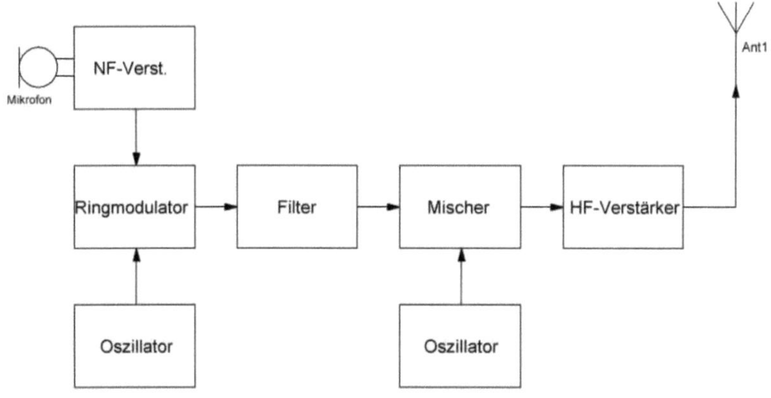

SSB-Sender schematisch dargestellt im Überblick

Der SSB-Empfänger

Dass ein SSB-Sender ein passendes Gegenstück benötigt, dürfte klar sein. Der Empfang von SSB-Funksignalen mit einem AM- oder FM-Empfänger hört sich sehr merkwürdig an. Erstens fehlt das Trägersignal. Das Anzeigeinstrument im Funkgerät schlägt also nicht konstant aus, so wie man das beim AM- oder FM-Empfang kennt. Es kommt vielmehr zu unregelmäßigen Ausschlägen im Rhythmus der übertragenden Audiosignale, also der Sprache. Zweitens sind die Modulationsarten unterschiedlich, weshalb die übertragenen Signale unverständlich und kaum noch wie menschliche Sprache klingen. Ein geeigneter SSB-Empfänger muss also her. Der Aufbau eines SSB-Senders ist etwas komplizierter als der eines AM- oder FM-Senders, genauso verhält es sich auch beim Empfänger, auf den an dieser Stelle eingegangen werden soll. Eine Schwierigkeit bzw. ein Hauptgrund für den komplizierteren Aufbau wurde bereits genannt, nämlich das Fehlen eines Trägersignals auf der Senderseite. Die schematische Darstellung eines SSB-Emfangsteils in einem Funkgerät soll zunächst dessen Aufbau verdeutlichen.

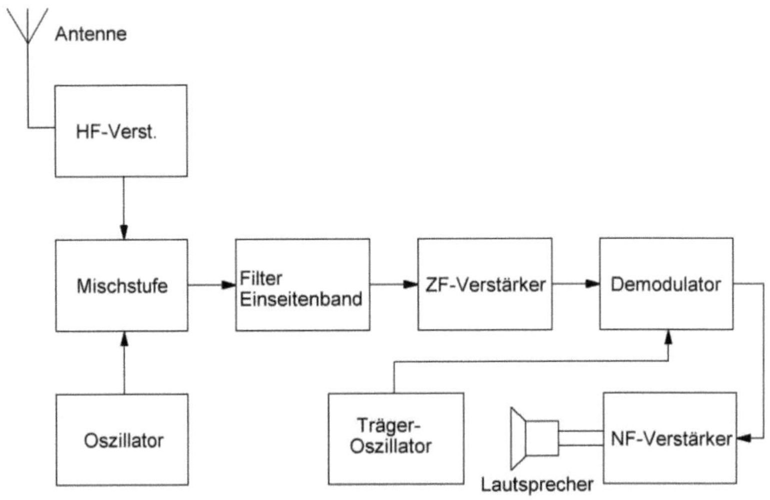

Schematische Darstellung eines SSB-Empfängers

Um einen konstanten Empfang der übertragenen Audiosignale zu ermöglichen, muss das Trägersignal im Empfänger rekonstruiert werden. Nur so ist es möglich, mithilfe des im SSB-Empfänger verbauten, speziellen Demodulators das NF-Signal zurückzugewinnen. Um das Audiosignal zudem möglichst verzerrungsfrei und originalgetreu wiederzugeben, ist die Verwendung eines stabil arbeitenden Oszillators notwendig. Doch immer der Reihe nach. Der HF-Vorverstärker verstärkt das von der Antenne empfangene Signal, dem in der Mischstufe ein Oszillatorsignal zugemischt wird. An deren Ausgang liegt das ZF-Signal an. Am Ausgang des nun folgenden Einseitenbandfilters entsteht schließlich das SSB-Signal. Dieses wird dem ZF-Verstärker

(Zwischenfrequenzverstärker) zugeführt und schließlich verstärkt an den Demodulator weitergegeben. An dieser Stelle kommt eine weitere Besonderheit zum Einsatz: Es ist die Zumischung eines Oszillatorsignals, das den bei den anderen Modulationsarten von der Senderseite vorhandenen Träger ersetzen soll. Der Demodulator liefert schließlich das niederfrequente Audiosignal, das zunächst verstärkt und schließlich dem Lautsprecher zugeführt wird. Soweit die theoretische Funktion des Empfangsteils. Übrigens arbeitet der hier dargestellte SSB-Empfänger wie schon der in diesem Buch ebenfalls vorgestellte SSB-Sender nach dem sogenannten Filterprinzip, das beim CB-Funk zum Einsatz kommt.

Die Trägererzeugung im Empfänger

Einer der wesentlichen Unterschiede dieser Modulationsart und der damit verbundenen Technik besteht darin, dass auf der Senderseite aus dem Niederfrequenzsignal und dem Träger das SSB-Signal erzeugt werden muss. Auf der Empfängerseite müssen aus dem empfangenen SSB-Signal wieder die Niederfrequenzsignale gewonnen werden. Zusätzlich wird hier auch ein Trägersignal erzeugt, allerdings diesmal durch den Empfänger. Hieraus ergibt sich eine Besonderheit bei der Bedienung der SSB-Funkgeräte. Die lokale Trägererzeugung erfolgt durch den sogenannten „Beat Frequency Oscillator", kurz BFO (oft wird dieser auch als „Carrier Insertion Oscillator", kurz CIO bezeichnet). Oft kommt es beim Erzeugen dieses Trägersignals auf Empfängerseite zu einem Frequenzversatz bzw. zu Frequenzabweichungen. Diese gehen auf Kosten der Verständlichkeit der empfangenen Audiosignale. Um die Sprachverständlichkeit möglichst zu erhalten, muss eine Feinjustierung beim Empfang der Signale erfolgen. Dies geschieht manuell durch den Benutzer des Funkgerätes. Die empfangenen Signale werden mithilfe eines dafür

vorgesehenen Reglers mit einer Bezeichnung wie „Clarifier" manuell
feinjustiert, also auf die bestmögliche Verständlichkeit eingestellt.

Noch ein paar Worte zu SSB

SSB ist mit der Modulationsart AM verwandt, die am Anfang des
Abschnitts bereits erwähnt wurde. Bei AM wird ein Trägersignal
ausgesendet, dem ober- und unterhalb der Sendefrequenz
Audiosignale beigemischt wurden. Trägersignal und Modulation
zusammen haben eine gewisse Bandbreite, benötigen also einen
bestimmten Raum des zur Verfügung stehenden Frequenzbereichs.
Dies gilt für jeden Kanal auf dem CB-Fequenzband. Wird nun eine
Modulationsart wie SSB verwendet, benötigt diese nur eines der
beiden Seitenbänder ohne Träger. Dadurch entsteht der Eindruck,
dass die Frequenzen in Form der CB-Funkkanäle effektiver genutzt
werden können. Das ist jedoch nicht ganz richtig. Wird auf SSB
gesendet, so ist der betreffende Kanal weder auf AM noch auf FM
nutzbar. Möglicherweise haben Sie auch schon einmal die Kanäle
durchgeschaltet (beispielsweise auf FM) und einem Kanal
unverständliche Laute empfangen, die schon fast etwas von Signalen
Außerirdischer hatten. Wenn diese Funksignale Trägersignale im
Rhythmus einer möglicherweise übertragenen Sprache erzeugt
haben (erkennbar am rhythmusähnlichen Ausschlag des S-Meters),
waren dies möglicherweise SSB-Funksignale. Dadurch wird deutlich,
dass der betreffende Kanal in dem Fall genauso belegt ist wie bei der
Verwendung anderer Modulationsarten, die ebenso wenig
verständlich empfangen werden können, wenn auf Sender- und
Empfängerseite unterschiedliche Modulationsarten eingestellt
wurden. Findet auf einem Kanal ein QSO auf USB statt, kann
gegebenenfalls sogar auf dem gleichen Kanal zur gleichen Zeit ein
QSO auf dem anderen Seitenband erfolgen, sofern die beiden
sendenden Stationen nicht zu nah beieinander stehen, also wenn die

Signale der anderen Gesprächsteilnehmer sich nicht gegenseitig zu stark stören. Allerdings ist das nur selten der Fall.

Vor- und Nachteile, Reichweite

Der Hauptvorteil von SSB ist trotzdem die verringerte Bandbreite. Diese Bandbreite ist optimiert auf die Übertragung von Sprache, genauer gesagt der in der Sprache enthaltenen Informationen. Diese wird nicht mehr doppelt übertragen (für jedes Seitenband eine separate Übertragung), sondern nur noch einfach, daher auch der Begriff ein Seitenband, auf Englisch „Single Side Band", also SSB. Durch diese Übertragungsart kann die Sendeleistung effektiver genutzt werden. Sie benötigen keine Sendeleistung mehr für ein Trägersignal, ebenso wenig für die Übertragung des zweiten Seitenbandes. Man spricht bei SSB-CB-Funkgeräten von einer Verdreifachung der effektiven Sendeleistung, also 12 Watt statt der für AM und FM von Gesetzseite zur Verfügung stehenden 4 Watt. Wegen der Übertragung der ausschließlich notwendigen Signale für die Sprache und deren Verständlichkeit und der Erhöhung der effektiven Sendeleistung erreicht man eine wesentlich höhere Reichweite. Dies gilt besonders dann, wenn bei der Bedienung des SSB-Funkgerätes schon etwas Übung besteht, sodass auch sehr schwache Stationen noch aufgenommen werden können. Denn anders als bei anderen Modulationsarten wie FM ist ein sehr schwaches Signal zwar nur sehr leise zu hören, geht aber nicht gleich im Rauschen unter oder wird wie bei FM durch das starke Rauschen unverständlich. Allerdings sollte auch nicht verschwiegen werden, dass SSB sehr störanfällig ist. Diese Eigenschaft kommt zustande durch die Verwandtschaft zur Modulationsart AM.

SSB hat tatsächlich einige Vorteile und kann eine enorme Erhöhung der Reichweite mit sich bringen. Allerdings sollte auch die Störanfälligkeit und die doch etwas umständliche Bedienung nicht vergessen werden. Das gilt vor allem dann, wenn QSOs mit mehreren Teilnehmern stattfinden sollen, wie dies auf dem CB-Funk keine Seltenheit ist. Die Bedienung der Geräte erfordert eine gewisse Erfahrung und ist nicht unbedingt für Ungeduldige geeignet. Wer nur hier und da nur ein bisschen mit anderen Leuten aus der bekannten Funkrunde in meist näherer Umgebung plaudern möchte, benötigt SSB nicht unbedingt. Anders ist dies bei den ambitionierten Funkern, die Freude an diesem Hobby haben und gerne auch mit weiter entfernten und neuen Stationen kommunizieren möchten. Zwar funktioniert das mit erhöhter Sendeleistung oder bei offenem Band auch auf FM, allerdings ist das entweder bei der Verwendung eines Sendeverstärkers illegal oder nur bei entsprechenden atmosphärischen Bedingungen möglich, deren Zeitpunkt man sich nicht aussuchen kann. Dadurch ist SSB eine interessante Möglichkeit zur Überbrückung auch größerer Entfernungen per CB-Funk.

Kapitel 3: Das Innenleben der Funkgeräte

Im vorangegangen Kapitel ging es mehr um die Theorie, jetzt folgt ein etwas genauerer ins Innere des Funkgerätes. Sie lernen den Aufbau der Geräte in der Praxis etwas näher kennen, auch anhand von Beispielen älterer und etwas modernere Funkgeräte. Dadurch soll verdeutlicht werden, dass es zwischen den älteren und neueren Geräten sowie grundsätzlich enorme Unterschiede im Aufbau der Geräte gibt. Das macht natürlich die Fehlersuche und Reparatur nicht gerade einfacher. Allerdings gibt es doch ein paar grundlegende Hinweise und Aufbauarten, durch die Ihnen die Funktionen verschiedener Komponenten im Inneren eines Funkgerätes erläutert werden sollen. Es soll anhand dieser Beispiele deutlich gemacht werden, wo sich die einzelnen Baugruppen der Geräte befinden. Wie lassen sich diese lokalisieren? Wie lässt sich deren Funktion so weit wie möglich nachvollziehen? Die Fehlersuche soll also im Falle eines Falles zumindest etwas erleichtert werden.

Vorab noch ein paar wichtige Hinweise: Die in diesem Buch enthaltenen Informationen sollen in erster Linie dazu dienen, Ihnen die grundsätzliche Funktion und den praktischen Aufbau der Geräte etwas näher zu bringen. Außerdem erfolgen in diesem Teil des Buches Beschreibungen einzelner Einstellmöglichkeiten an den Geräten, wobei diese nicht immer in allen Geräten in gleicher Form vorhanden sein müssen. Vor allem die neueren und sehr kompakten Geräte bieten nur noch wenige Einstellmöglichkeiten, was aber kein Nachteil sein muss. Ganz wichtig: Es soll an dieser Stelle keine allgemeine Anleitung zur Reparatur und schon gar nicht zum Abgleich eines Funkgerätes geschrieben werden. Für den Abgleich sind tiefergehende Kenntnisse im Bereich der Funktechnik und spezielles technisches Equipment erforderlich. Die Erläuterungen hier in diesem Buch sollen Sie nicht dazu verleiten, Reparaturen oder sogar

Veränderungen an den Geräten vorzunehmen, die in den meisten Fällen nicht mehr gesetzeskonform sein dürften und die einen Betrieb der Geräte illegal machen würden. Die hier enthaltenen Informationen dienen ausschließlich zum technischen Verständnis über den Aufbau und der Funktion der Geräte sowie um mögliche Defekte. Vor allem geht es aber darum, einen Überblick des Aufbaus älterer und auch moderner Geräte zu erhalten.

Ein Blick unter die Haube – ein paar Beispiele

Im vorigen Kapitel wurden Sende- und Empfangsteil in einem Funkgerät vorgestellt. Doch wie sieht der Aufbau der Komponenten in der Praxis aus? Gibt es große Unterschiede zur Theorie? Natürlich gibt es diese, schließlich gab und gibt es zahlreiche Hersteller von CB-Funkgeräten, außerdem hat sich die Funkelektronik in den letzten Jahrzehnten enorm weiterentwickelt. Zwischen den ersten Geräten aus der zweiten Hälfte der 1970er Jahre und den ganz modernen Funkgeräten, die zum Teil kaum noch größer sind als eine Zigarettenschachtel, gibt es sehr große Unterschiede. Abbildungen von verschiedenen Geräten aus unterschiedlichen Zeitepochen sollen Ihnen diese Unterschiede zeigen. Es kann an dieser Stelle natürlich nur einige exemplarische Beispiele für den Aufbau der Funkgeräte geben. Die einzelnen Komponenten bzw. Baugruppen in den Funkgeräten werden von ihrer Lage her so beschrieben, dass Sie sich einen ersten Überblick verschaffen können.

Zunächst folgt ein Beispiel eines Gerätes, das in den 80er Jahren sehr häufig verkauft wurde und das es als reine FM-Ausführung und als AM-FM-Gerät gab. Zunächst sehen Sie eine Abbildung von der Hauptplatine des Gerätes. Wenn Sie das erste Mal ein solches Gerät von innen sehen, sind Sie wahrscheinlich erst einmal verwirrt von den vielen Anschlusskabeln, Drähten, Bauteilen und den zum Teil vergossenen Baugruppen auf der Platine. Deshalb soll an dieser Stelle erst einmal das Ganze etwas entwirrt werden.

Innenansicht Stabo XM4000, ein FM-Funkgerät mit 40 Kanälen

Zu diesem Zweck wurde die Abbildung mit Zahlen versehen. Im Folgenden finden Sie Erläuterungen zu den einzelnen Bereichen auf der Platine und zu deren Funktionen. Es kann natürlich nur eine relativ grobe Unterteilung vorgenommen werden, schließlich geht es darum, dass Sie sich zunächst einen Überblick verschaffen können, was wo zu finden ist.

1. Sendeverstärker und Endstufe: Die eigentliche Endstufe bzw. der Transistor dafür befindet sich am Kühlkörper, da er sonst bei längeren Sendebetrieb überhitzten würde. Die Baugruppe wurde nicht ohne Grund in unmittelbarer Nähe zum Antennenanschluss eingebaut, da aufgrund der hohen

Frequenzen längere Übertragungswege innerhalb der Schaltung nachteilig wären.

2. NF-Verstärker mit Endstufe: Quasi das Gegenstück zur Sendeendstufe. Hier wird eine integrierte Schaltung eingesetzt, um die Audiosignale auf einfache und platzsparende Art für den Lautsprecher aufzubereiten. Auch hierfür wird eine ausreichende Kühlung benötigt, deshalb die Montage auf einem Aluminiumkühlkörper nahe der Gehäusewand aus Metall. Das Metallgehäuse dient der Abschirmung der Baugruppen.

3. PLL (Phase-Locked Loop, zu Deutsch: Phasenregelschleife): Hierbei handelt es sich um einen Regelkreis für einen gesteuerten Oszillator. Mit einfachen Worten ausgedrückt handelt es sich hier um die Baugruppe zur Einstellung und Erzeugung der für den Empfang und den Sendebetrieb notwendigen Frequenzen. Die Frequenzeinstellung muss sehr genau erfolgen, da auf dem CB-Funk die Einhaltung genauer Frequenzen unabdingbar ist.

4. RF-Amp (HF-Verstärker): (Vor-) Verstärker Hochfrequenz (englisch Radio Frequency = RF) für den Empfangsteil.

5. Mischstufe (in Schaltbildern oft als Mixer bezeichnet)

6. ZF- Verstärker: Die sogenannte Zwischenfrequenz aus der Mischstufe wird hier aufbereitet (verstärkt).

7. Squelch (Rauschsperre): Dies ist die Schaltung für die regelbare Stummschaltung des Lautsprechers beim Unterschreiten eines bestimmten Signalpegels beim Empfang. Dadurch soll das unangenehme und laute Rauschen gerade beim FM-Empfang zwischen den Sendedurchgängen der Gegenstation(nen) vermieden werden.

8. FM-Demodulator (in Schaltbildern oft als FM-Det bezeichnet): Demodulatorstufe, die das zu demodulierende Signal in ein amplitudenmoduliertes umwandelt, das

schließlich durch ein AM-Demodulationsverfahren in das gewünschte Audiosignal umgewandelt wird. Häufig enthalten in diesen Schaltungen verwendete ICs auch Verstärkerschaltungen. Integrierte Schaltungen wie die in diesem Funkgerät verwendete werden oft auch in Autoradios für den FM-Empfang eingesetzt.

9. Verstärkerbaustein 4558D als Operationsverstärker

10. Umschaltrelais Senden und Empfang (RX-TX): Das Relais wird angesteuert mithilfe der Sendetaste im Mikrofon. Es wird hier eingesetzt, um Leitungen im Mikrofonkabel einzusparen, indem einfach der Sendeimpuls durch das Verbindungskabel vom Mikrofon zum Funkgerät übertragen wird.

11. Oszillatorschaltung zur Erzeugung der Hochfrequenz: Dies ist eine sehr empfindliche Baugruppe, daher wurden die Bauteile hier mit einer Vergussmasse versehen, um eine größtmögliche Stabilität der Schaltung (mechanisch und auch elektronisch) sicherzustellen.

12. Anschluss für Selektivruf: Über diese Anschlussbuchse kann ein sogenanntes Selektivrufgerät mit dem Funkgerät verbunden werden, sodass der Lautsprecher auf Wunsch nur beim Empfang von Signal eines bestimmten Funkteilnehmers aktiviert wird. Beim Normalbetrieb des Gerätes ohne Selektivruf muss hier ein Stecker verwendet werden, der verschiedene Kontakte überbrückt und ohne den das Funkgerät nicht genutzt werden kann.

13. Stromanschluss: Anschluss für die Batterie, dem einige Bauteile zur Filterung der Gleichspannung und zur Unterdrückung von Störimpulsen nachgeschaltet sind. Dazu dient unter anderem eine Drossel, die Störimpulse aus der Bordelektronik von Fahrzeugen herausfiltern soll.

Hier ist ein weiteres Funkgerät, das etwa aus der gleichen Zeit stammt wie das zuvor gezeigte XM 4000.

Stabo XM 3500 von etwa 1985

Dies ist ein etwas kompakeres Funkgerät mit 40 Kanälen FM und 12 Kanälen AM.

Die einzelnen Baugruppen wurden auch hier wieder mit Zahlen versehen. Die Zahlen entsprechen den Baugruppen des zuvor dargestellten Funkgerätes. Allerdings sind in diesem Gerät ein paar weitere Baugruppen enthalten:

14. Dies ist die Schaltung für das integrierte S-Meter in Form
    einer LED-Zeile
15. Das ist der AM-FM-Umschalter. Dieser ist gekoppelt mit dem
    Squelch-Regler (Rauschsperre).

Einige Bauteile, darunter auch Transistoren für Verstärkerstufen
im Hochfrequenzbereich, befinden sich auf der Lötseite der
Platine in Form von SMD-Bauteilen. Der Mikrofonanschluss oben
in der Abbildung hatte auf der Vorderseite keinen Platz mehr.
Das Relais für die RX-TX-Umschaltung (10) und die
Anschlussbuchse für den Selektivruf (12) fehlen hier. Die
Umschaltung erfolgt bei diesem Gerät elektronisch, ein Anschluss
für ein externes Selektivrufgerät war hier nicht vorgesehen.

Unterschiede im Aufbau der Geräte

Die Innenleben der beiden gezeigten Funkgeräte weisen schon einige
Unterschiede auf, obwohl beide Geräte aus der gleichen Epoche
stammen. Außerdem wurden sie vom gleichen Hersteller gefertigt.
Wie sieht es aus, wenn Geräte anderer Hersteller ins Spiel kommen
oder die Geräte wesentlich neueren Datums sind? Es gibt zum Teil
erhebliche Unterschiede. In Kapitel 2 wurden Sender und Empfänger
als Hauptbestandteile des Gerätes beschrieben. Nun mag es auf den
ersten Blick leicht erscheinen, diese beiden Komponenten in den
Funkgeräten auch in der Praxis wiederzufinden. Das ist jedoch oft
leichter gesagt als getan, da aufgrund der hohen Integration
moderner Geräte und der erheblichen Unterschiede im
Schaltungsdesign verschiedener Hersteller sich auch die Schaltungen
sehr stark voneinander unterscheiden. Hier ist oftmals viel Geduld
gefragt, um die einzelnen Baugruppen und damit auch die Funktion
des gesamten Gerätes einigermaßen nachvollziehen zu können.
Hilfreich sind natürlich Stromlaufpläne und schematische
Darstellungen der betreffenden Funkgeräte, wobei vor allem Letztere

hilfreich sind, den Aufbau des gesamten Gerätes besser zu verstehen. Sollen Reparaturen an solchen Geräten vorgenommen werden, ist das Vorhandensein von erweiterten Kenntnissen im Bereich der Elektronik unbedingte Voraussetzung. Auch Stromlaufpläne sollten für den an einer Reparatur des Gerätes Interessieren kein Problem darstellen, wobei schon die Fehlersuche beim Vorhandensein von Schaltbildern oder technischen Unterlagen schwierig genug ist, ganz zu schweigen von Reparaturversuchen ohne jedwede schaltungstechnische Unterlagen.

Albrecht AE6110, ein moderneres und relativ kleines CB-Funkgerät

Schwierig wird es dann, wenn ein relativ modernes Gerät wie das in
der Abbildung gezeigte vorliegt.

Gut zu erkennen sind die Leistungstransistoren für die Treiber- und
Endstufe des Senders sowie der abgeschirmte Hochfrequenzbereich,
der praktisch gar nicht mehr zugänglich ist. Die Platine ist
größtenteils in SMD-Technik aufgebaut, was den Austausch von
Bauteilen mit Mitteln aus dem Hobbybereich problematisch macht.
Auch die Einstellmöglichkeiten sind verglichen mit denen der meisten
älteren Funkgeräte recht überschaubar. Das muss aber nicht
unbedingt ein Nachteil sein. Denn viele der gebraucht angebotenen
Geräte sind verstellt, oft sogar so stark, dass das Funkgerät dadurch
unbrauchbar geworden ist.

Sende- und Empfangsteil

Eine der wichtigsten Baugruppen in einem Funkgerät ist der
spannungsgesteuerte Oszillator (oft als VCO bezeichnet, VCO =
Voltage Controlled Oscillator). Dieser ist durch einen PLL-Baustein in
seiner Frequenz variabel. Es können dadurch ohne den Einsatz von
zwei Quarzen pro Kanal alle benötigten Frequenzen zum Senden und
Empfangen bereitgestellt werden, und das auf kleinstem Raum. In
den ersten beiden Abbildungen in diesem Kapitel sind diese

Baugruppen gut zu erkennen (Nummer 03 und Nummer 11). Stimmt mit diesen Baugruppen etwas nicht, kann das Funkgerät weder einwandfrei senden noch empfangen. Dazu ein Fallbeispiel mit folgendem Fehlerbild: Das Funkgerät ließ sich einschalten, Anzeige und Lautsprecher funktionierten (bei geöffneter Rauschsperre war ein Rauschen zu hören. Auch die Umschaltung der Kanäle und die AM-FM-Umschaltung funktionierte. Empfang und Senden waren allerdings nicht möglich. Beim Drücken der Sendetaste am Mikrofon war noch nicht einmal ein Ausschlag des S-Meters zu sehen. Die Stromaufnahme stieg beim Senden ebenfalls nicht an (erkennbar durch ein Netzteil mit Ampereanzeige oder Strommessgerät in der Leitung für die Stromversorgung). Bei genauerer Überprüfung des Gerätes stellte sich heraus, dass eine Diode im Gerät direkt hinter dem Eingang für die Stromversorgung aufgeplatzt war, offensichtlich verursacht durch eine falsche Polung der Stromversorgung. Solche Fehler treten dann auf, wenn das Gerät ohne ausreichende Absicherung (häufig fehlt die Sicherung samt Halterung in der Stromleitung) verpolt an eine Batterie angeschlossen wird. Meist hat ein solches Vorgehen noch weitere Defekte zur Folge. Bei der Fehlersuche stellte sich heraus, dass der Oszillator zum Senden und für den Empfang nicht mehr einwandfrei arbeitete. Ein korrekter Abgleich der Einstellspannung am VCO war wegen einer defekten Kapazitätsdiode nicht mehr möglich. Nach dem Austausch der defekten Diode und dem Abgleich des Oszillators nach den Abgleichvorschriften in der Serviceanleitung konnte das Gerät wieder einwandfrei senden und empfangen. Ob nun dieser Fehler im direkten Zusammenhang mit der durchgebrannten Diode am Eingang der Stromversorgung steht, lässt sich nicht mehr nachvollziehen. Aber es wird zumindest deutlich, wie wichtig ein einwandfrei funktionierender und abgeglichener spannungsgesteuerter Oszillator ist. Wenn die Geräte nicht mehr ihre volle Sendeleistung bringen, kann dies ebenfalls an einem nicht mehr richtig eingestellten VCO liegen. Auch solche Fälle sind schon mehrfach vorgekommen.

Fehler im Sendeteil

Doch zurück zum Thema Sende- und Empfangsteil. Der Sendeteil kann ebenfalls Defekte aufweisen, meist in Form einer defekten Endstufe. Die Ursachen dafür sind meistens folgende: Sendebetrieb ohne angeschlossene Antenne, mit einem Kurzschluss in der Antennenleitung, bei gar nicht oder sehr schlecht eingestellter

Stehwelle oder beim Sendebetrieb mit defekter oder ungeeigneter Antennenanlage. Die Reparatur besteht in einem solchen Fall darin, den Endstufentransistor zu tauschen und das Gerät zumindest auf der Senderseite neu abzugleichen. Natürlich sollte dabei nicht versäumt werden, die Ursache für den Defekt zu lokalisieren und zu beseitigen. Auch Funkgeräte mit solchen Defekten werden gerne als Gebrauchtgeräte ohne Funktionsgarantie angeboten. Wenn Sie sich die Abbildung des Sendeteils etwas näher ansehen, fallen Ihnen sicherlich die Spulen aus Draht auf, die mitunter etwas seltsam anmutende Formen aufweisen.

Doch diese Gebilde sehen nicht ohne Grund so aus. Die Spulen werden beim Abgleich des Gerätes (senderseitig) solange zurechtgebogen, bis der Abgleich vorgenommen worden ist.

Dieses Zurechtbiegen ist also Teil der Abstimmung des Gerätes. Aus diesem Grund sollten diese Spulen (außer beim Abgleich) unbedingt in ihrem vorgefundenen Zustand belassen werden. Diese

Vorgehensweise beim Geräteabgleich entspricht prinzipiell dem Verdrehen eines Ferritkerns. Allerdings handelt es sich bei diesen Spulen um kernlose Luftspulen, deren Abgleich nur durch das Verbiegen erfolgen kann. Auf diese Weise wird bei manchen Geräten auch die Sendeleistung justiert (Beispiel: Albrecht AE4400, laut Abgleichanleitung).

Fehler im Empfangsteil

Auch der Empfänger muss richtig funktionieren, um die Gegenstation aufnehmen zu können. Mangelhafter Empfang wird neben einer schlecht eingestellten oder nicht geeigneten Antenne meist dadurch verursacht, dass der Empfängerteil aufgrund äußerer Einwirkungen (Blitzschaden, falsche Betriebsspannung, Verpolung usw.) einen Defekt aufweist oder verstellt wurde.

Empfangsteil in einem CB-Funkgerät mit Spulen und Filtern

Der Abgleich des Empfängerteils in einem CB-Funkgerät erfolgt mithilfe eines Messsenders, um bei einem Test ein genau definiertes Eingangssignal als Festgröße zur Verfügung zu haben. Dabei wird der Abgleich mehrerer Spulen nach verschiedenen Kriterien durchgeführt, unter anderem auf maximale Empfangsstärke und Klangqualität. Doch zum Abgleich von Sender und Empfänger im Funkgerät folgen später noch ein paar weitere Erläuterungen. Zunächst geht es um den Aufbau der Geräte und um die Identifikation der unterschiedlichen Baugruppen, die im Wesentlichen schon erwähnt wurden. Die einzelnen Abbildungen in diesem Text sollen Ihnen die Identifikation erleichtern.

Anzeige, Bedienteil und Speicher

Die ersten Funkgeräte mit bis zu 12 Kanälen hatten in vielen Fällen gar keine Digitalanzeige, sondern nur einen Drehknopf mit einer Kanalskala. Als in den folgenden Jahren die Technik weiter vorangeschritten war und sich die Anzahl der Kanäle zunächst auf 22, dann auf 40 und schließlich auf 80 erhöhte, änderten sich auch die Ausstattungsmerkmale bei den Geräten der gehobenen Preisklasse.

Es gab Speichermöglichkeiten für bevorzugte Kanäle,
Frequenzanzeigen, digitale S-Meter und einige weitere technische
Raffinessen. Das machte die Verwendung von Mikroprozessoren
notwendig, außerdem sollten größere und gut ablesbare Displays die
Bedienung erleichtern und den Komfort erhöhen.

Bedienteil eines CB-Funkgerätes mit großem Display

Inwieweit die Bedienung durch moderne Geräte erleichtert wird, sei
mal dahingestellt. Oft führen nur durch das Aufrufen von mehr oder
weniger umfangreichen Bedienmenüs mögliche Einstellungen zu
mehr Aufwand bei der Bedienung und tragen bestenfalls zur
Verwirrung des Benutzers bei. Dabei sind selbst häufig benötigte
Funktionen wie die Rauschsperre nur durch das Drücken einer Taste
und das anschließende Einstellen über weitere Tasten zugänglich.
Hilfreich ist es in einem solchen Fall, wenn eine automatische
Rauschsperre vorhanden ist, die ein ständiges Nachstellen der
Rauschsperre (sinnvoll unter anderem beim Durchfahren einer
Ortschaft mit mehreren Störquellen) überflüssig macht. Einfachheit
ist hier von Vorteil, wenn zumindest die wichtigsten Funktionen wie
die Kanalwahl, Lautstärke und Rauschsperre sowie die Umschaltung
von AM auf FM und umgekehrt durch Drehknöpfe und einfache
Schalter bzw. Tasten zugänglich sind, ohne erst Benutzermenüs dafür
aufrufen und durchschalten zu müssen.

Modernes Funkgerät: Testen und Menüs statt Drehknöpfe

Vorteilhaft sind auch Kanalwähler am Mikrofon, am besten in Verbindung mit einem Drehknopf als Kanalwähler am Funkgerät. Aber das ist natürlich Geschmackssache. Bedient werden sollten die Geräte nach neuester Gesetzeslage ohnehin nur noch bei stehendem Fahrzeug, sofern es sich um mobil genutzte Geräte handelt. Aufschluss über die korrekte Funktion des Gerätes lassen die Bedienelemente samt Anzeigen nur in den wenigsten Fällen zu. Man kann höchstens überprüfen, ob die Grundfunktion gegeben ist. Ob Empfang und Sender einwandfrei funktionieren, lässt sich nur durch eine genauere und gegebenenfalls längere Funktionsprobe feststellen.

Anschlüsse an den Funkgeräten

Die wichtigsten Anschlüsse sind die für das Mikrofon, die Stromversorgung und die Antenne. Je nach Ausstattung verfügen einige der Geräte noch über zusätzliche Anschlussmöglichkeiten, darunter eine Anschlussbuchse für einen externen Lautsprecher oder ein externes S-Meter. Einige Geräte älteren Datums besitzen zusätzlich noch einen weiteren Anschluss, den für einen sogenannten Selektivruf. Siehe dazu auch die folgende Abbildung.

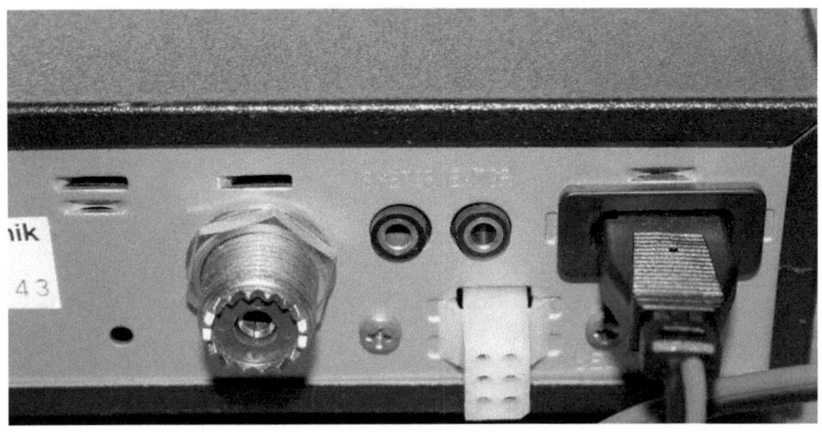

Die Anschlüsse an einem CB-Funkgerät

Die Abbildung zeigt ein Funkgerät mit den gängigsten Anschlussmöglichkeiten. Strom und Antenne sind obligatorisch, ebenso der vorne oder seitlich angebrachte Mikrofonanschluss. Manche Funker bemängeln die Wiedergabequalität der in den Mobilgeräten eingesetzten Lautsprecher, weshalb sie den Anschluss externer Lautsprecher bevorzugen. Das ist natürlich Geschmackssache. Ebenfalls viele Nutzer schwören auf externe S-Meter. Das gilt vor allem bei den Funkgeräten, die statt eines übersichtlichen Zeigerinstrumentes nur eine einfache LED-Zeile als Anzeige für den Empfangspegel und die Sendestärke besitzen. Einige Geräte verfügen sogar über einen nachgerüsteten S-Meter-Anschluss. Die Stromversorgung erfolgt entweder über fest angebrachte Anschlusskabel mit integrierter Sicherung oder über eine Anschlussbuchse wie oben im Bild zu sehen.

Sehr wichtig ist das Vorhandensein der erwähnten Gerätesicherung. Fehlt sie, kann es im Falle eines Falles (Verpolung oder andere Anschlussfehler) zu schweren Defekten an den Geräten kommen, die sie sogar im schlimmsten Fall zu wirtschaftlichen Totalschäden machen. Dazu folgt später noch eine Erläuterung, in der aufgezeigt wird, was bei einer Falschpolung des Funkgerätes an der Spannungsquelle passiert.

Kapitel 4: Reparaturen an Funkgeräten

Wie alle elektronischen Geräte können auch Funkgeräte einmal kaputtgehen. Das muss nicht immer an einem Fehler beim Anschluss oder bei der Benutzung des Gerätes liegen. Sehr lange Lagerzeiten von mehreren Jahrzehnten ohne Benutzung oder die falsche Lagerung der Geräte können ebenfalls die Gründe sein. Mitunter tritt auch ohne ersichtlichen Grund ein Defekt auf. Oftmals sind es aber Defekte, die gar nicht so selten vorkommen und auf die im Folgenden eingegangen werden soll. Reparaturanleitungen gibt es an dieser Stelle nicht. Die Ausführungen in diesem Buch sollen Ihnen anhand von Fallbeispielen zeigen, welche Defekte auftreten können, wie eine Funktionsüberprüfung zu Beginn aussehen kann und welche Einflüsse Dinge haben wie eine lange Lagerzeit (Zeit der Nichtnutzung des Gerätes), vorige Reparaturversuche (besonders interessant bei gebraucht gekauften Geräten) und mehr oder weniger erfolgreich durchgeführte Modifikationen. Gerade die zuletzt genannten Punkte sollten nicht unterschätzt werden, wenn das Funkhobby sich auch auf die technische Seite ausweitet. Ersatzteile sind gerade bei den älteren Geräten Mangelware geworden. Besonders Kapazitätsdioden, einige der verwendeten ICs sowie Endstufentransistoren für den Sendeteil des Gerätes sind sehr wertvoll, wenn eine Reparatur vorgenommen werden muss. Auch hier gilt: Im Zweifelsfall gehören die Geräte zur Überprüfung, zur Reparatur und zum Abgleich in eine entsprechend ausgerüstete Werkstatt und in die Hände von Fachleuten, schon alleine aus Gründen des Betriebs der Geräte unter gesetztlichen Aspekten.

Häufiger auftretende Defekte an den Geräten

Bei sehr vielen elektronischen Geräten treten immer wieder gleiche oder ähnliche Defekte auf, ob Fernsehgeräte, Hifianlagen, Handys oder Computer. So ist es auch bei den CB-Funkgeräten. Hier sind einige der am häufigsten auftretenden Defekte:

- Fehler in der Sendeendstufe (meist defekter Endstufentransistor) wegen Sendebetriebs ohne Antenne, falscher oder nicht korrekt eingestellter Antenne oder Kurzschluss in der Antenne oder Antennenleitung
- Fehler bzw. defekte Bauteile wegen Betrieb an zu hoher Spannung (möglicherweise direkt an 24 Volt ohne Spannungswandler bei nicht dafür geeigneten Geräten) oder durch Falschpolung in Verbindung mit zu starker bzw. überbrückter Sicherung
- Defekte durch Blitzeinschlag in die Antenne
- Ausfälle wegen gealterter Bauteile, oft in Verbindung mit längerer Lagerzeit ohne den Betrieb der Funkgeräte
- Nicht sachgemäß durchgeführte Reparaturen (oder Versuche) oder Einstellversuche in den Geräten
- defekte Endstufen für die Lautsprecherwiedergabe durch Anschluss nicht geeigneter Lautsprecher oder Kurzschlüsse in der Zuleitung für externe Lautsprecher
- Modifikationen an den Geräten oder Mikrofonen, die nicht sachgemäß durchgeführt wurden und zu Ausfällen führen können
- defekte oder nicht geeignete Mikrofone und dadurch schlechte oder fehlende Modulation

Natürlich gibt es noch zahlreiche andere Mängel, die bei den gebrauchten Geräten auftreten können. Oft wurden die CB-Funkgeräte nicht gerade pfleglich behandelt, was man ihnen dann in der Regel auch ansieht. Doch nicht nur die Funkgeräte sind oft sehr stark gebraucht, sondern auch etwaige Zubehörteile wie Mikrofone, Antennen oder Netzteile.

Überprüfen von Funkgeräten auf Funktion

Vor einer eventuell notwendigen Reparatur steht die Überprüfung des Gerätes. Nach dem Anschluss einer Stromquelle (am besten ein stabilisiertes und kurschlussfestes Netzteil), dem Mikrofon und einer eingestellten Antenne (Stehwelle) kann es schon losgehen. Die Überprüfung des Gerätes kann etwa wie folgt aussehen:

- Überprüfung, ob die Grundfunktion gegeben ist (Anzeige, Kanalwahl, Beleuchtung und S-Meter).
- Ausprobieren, ob alle Bedienelemente wie vorgesehen reagieren, insbesondere Bedientasten an älteren Funkgeräten, die mitunter Ausfallerscheinungen haben
- Rauschsperre ausprobieren, dabei ist bereits eine erste Probe des Empfangs möglich sowie eine Grundüberprüfung der Rauschsperre ab einem bestimmten Empfangspegel
- Überprüfung der Lautsprecherwiedergabe, am besten mithilfe eines zweiten Funkgerätes (vielleicht eine Handfunke), gegebenenfalls auch unter Zuhilfenahme von auf dem Band aktiven Stationen (Test-QSOs)
- überprüfen, ob der Sendebetrieb möglich ist (Ausschlagen des S-Meters beim Drücken der Sendetaste am Mikrofon, Überprüfung auf Erhöhung der Stromaufnahme beim Sendebetrieb mithilfe von Amperemeter am Netzgerät oder mit einem zusätzlichen Leistungsmessgerät, wenn möglich)
- Test der Modulation des Gerätes mithilfe eines zweiten Funkgerätes oder einer entfernten Station

Die erste Überprüfung eines unbekannten Gerätes ist normalerweise schnell erledigt. Viele der genannten Prüfschritte können kombiniert miteinander erfolgen, am besten mithilfe einer zweiten Station, mit der sowohl der Empfang als auch der Sendebetrieb sehr schnell getestet werden können. Ob die Sendeleistung ausreichend ist und

um der Empfang auch weiter entfernter Stationen problemlos
erfolgen kann, lässt sich mit weiteren Hilfsmitteln oder durch QSOs
mit weiter entfernten Stationen überprüfen. Ob die Sendeleistung
korrekt ist, darüber gibt ein Leistungsmessgerät Auskunft, das
zwischen Funkgerät und Antenne angeschlossen wird. Während die
Überprüfung der Stromaufnahme beim Umschalten auf den
Sendebetrieb lediglich das Vorhandensein einer Grundfunktion beim
Senden zu überprüfen erlaubt, kann die Sendeleistung mithilfe eines
solchen Messgerätes sehr schnell und relativ genau festgestellt
werden. Solche Leistungsmessgeräte bekommt man meist in
Verbindung mit einem Stehwellenmessgerät in Form eines
Kombimessgerätes, wie dieses in der Abbildung zu sehen ist.

Stehwellenmessgerät mit Messmöglichkeit der Sendeleistung

Manchmal enthalten solche Kombimessgeräte auch Möglichkeiten zur Messung der Feldstärke mithilfe einer kleinen Antenne. Genauer gesagt können mit solchen Geräten Funktionsprüfungen von Handfunkgeräten durchgeführt werden, um festzustellen, ob diese während des Sendebetriebs tatsächlich senden. Stehwellen- oder Leistungsmessgeräte lassen sich hier nicht immer ohne Weiteres anschließen, wie man dies bei Mobilfunkgeräten oder Heimstationen kennt. Von einer Messung kann wohl in solchen Fällen kaum gesprochen werden. Über die Genauigkeit der Wattmeter in solchen Geräten lässt sich auch streiten. Sie ermöglichen aber einfache Funktionstests, und um die soll es hier ja gehen. Praktisch sind diese Kombimessgeräte auf jeden Fall, da sie gleich auch die Überprüfung der Antenneneinstellung wie der Stehwelle möglich machen.

Kleine Bastelei - Funkwellen anzeigen

Eine kleine Bastelei für zwischendurch soll Ihnen zeigen, dass es mit einfachen Mitteln möglich ist, die elektromagnetischen Wellen eines Funkgerätes anzuzeigen. Eine Messung ist dies nicht, dennoch zeigt Ihnen dieses kleine Experiment, dass die Funkwellen Energie beinhalten, die sich mit einem Messgerät nachweisen lässt. Eine einfache Schaltung wie die in der folgenden Abbildung reicht dazu bereits aus. Die Spule besteht aus einfachem Draht mit Isolierung (ähnlich wie Klingeldraht), der zu einer großen Spule mit zwei Windungen mit einem Durchmesser von etwa 11 bis 12 Zentimeter aufgewickelt wurde. Die Diode (am besten eine Germaniumdiode wählen wegen der geringeren Durchlassspannung) dient als Gleichrichterdiode für das Messinstrument. Je nachdem, wie die Antenne an diese Schaltung gehalten wird, schlägt das Zeigerinstrument mehr oder weniger stark aus, natürlich auch abhängig von der Sendeleistung des Funkgerätes. Die Energie der

Funkwellen wird in der Spule in elektrische Energie umgewandelt,
über die Diode gleichgerichtet und dem Messinstrument zugeführt.

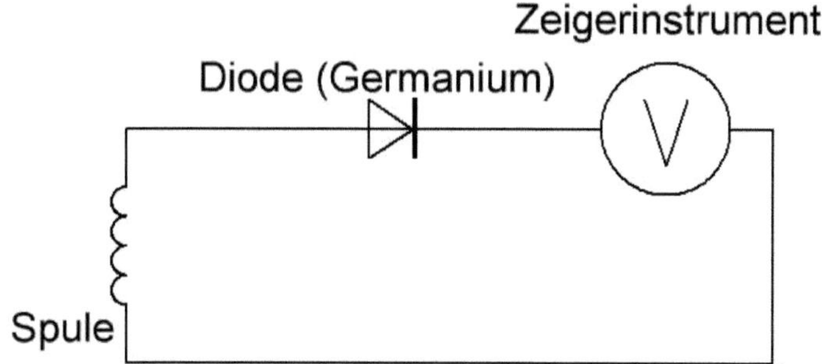

Funkwellen nachweisen mit einer einfachen Schaltung

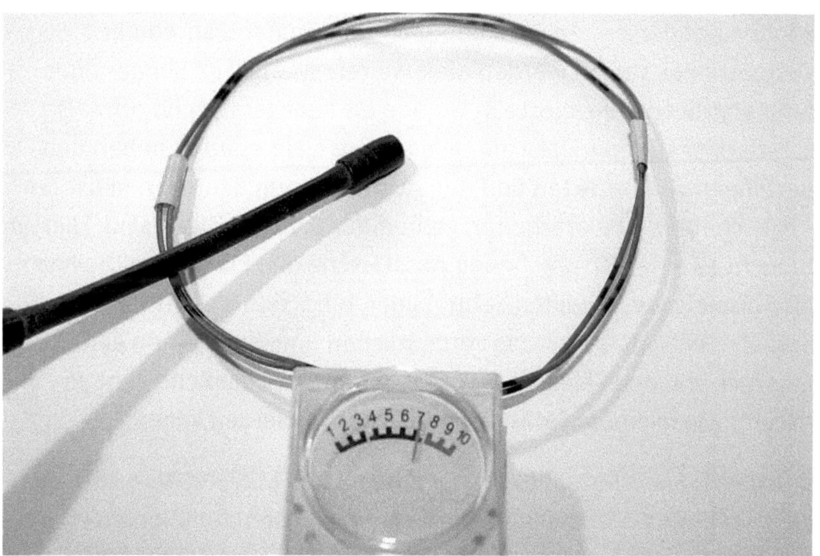

Ausschlag des Messinstruments bei gedrückter Sendetaste des Funkgerätes

Reparaturen an den Funkgeräten

Die Reparaturen an elektronischen Geräten können schnell erledigt sein, ebenso können sie stunden- oder tagelange Beschäftigung bedeuten. Als leicht zu beheben scheinende Fehler stellen sich oft komplizierter als gedacht heraus. Die vermeintlich einfachen Fehler können auf den ersten Blick behoben sein, später während des Testbetriebes stellen werden aber weitere Mängel im Sende- oder Empfangsbetrieb festgestellt. Gerade CB-Funkgeräte sind oftmals schwieriger zu reparieren als viele andere Geräte, da es neben den Beseitigen von Defekten und den Austausch von Bauteilen meist um Abgleich- bzw. Justierarbeiten geht, die hier zu erledigen sind. Hierfür braucht es eine entsprechende Ausstattung und Erfahrung. Die hier als Beispiele vorgestellten Fehlerbilder, die schon in der Praxis aufgetreten sind, sollen das verdeutlichen und Ihnen einen ersten Eindruck von den Fehlerbildern vermitteln. Anschließend geht es darum, wie in einem Fehlerfall vorgegangen werden kann.

Beispiel 1: Ein offensichtlich häufig benutztes Midland Alan 28D, das gleich mehrere Mängel aufwies. Einige der Tasten funktionierten nicht mehr richtig und reagierten erst auf stärkeren Tastendruck. Vielleicht kennen Sie das Problem von einer Fernbedienung, die aufgrund von Alterung oder häufiger Nutzung nicht mehr ichtig

funktionieren will. Bei einer Fernbedienung tut es oft eine einfache
Reinigung der Kontaktflächen unter den Tasten mit einem
entfettenden Reinigungsmittel wie etwa Isopropanolalkohol. Warum
sollte das nicht auch bei den Tasten im Funkgerät funktionieren?
Tatsächlich brachte die Reinigung eine deutliche Verbesserung,
wenngleich auch einige Tasten trotzdem auf etwas stärkerem Druck
reagierten. Ein weiterer Mangel war etwas gravierender. Nach dem
Öffnen des Gerätes sollte sich herausstellen, dass offensichtlich
schon Reparatur- bzw. Einstellversuche durchgeführt wurden. Siehe
dazu auch die Abbildung (insbesondere im unteren Bereich).

CB-Funkgerät mit teilweise entfernter Vergussmasse im Oszillator

Wenn solche Anzeichen auf vormals durchgeführte
Reparaturversuche oder Einstellversuche hindeuten, ist das weniger
gut. Ein weiteres Verdrehen der Spulenkerne,
Trimmerkondensatoren oder Potis macht es meist nur noch
schlimmer. Hier hilft nur noch ein kompletter Abgleich, sofern sich
dabei nicht noch Defekte an weiteren Bauteilen herausstellen.

Besonders problematisch wird es dann, wenn die Ferritkerne beim Verdrehen beschädigt wurden oder Ferritspäne ein neues Justieren der Kerne verhindern. Ist dadurch eine Einstellung nicht mehr möglich, haben Sie meistens einen wirtschaftlichen Totalschaden vor sich. Ersatz für defekte Spulen mit Ferritkern ist kaum noch zu bekommen, und wenn, dann nur durch Ausbau aus baugleichen Funkgeräten. Aber auch in diesem Fall ist ein neuer Abgleich des Funkgerätes notwendig. Zum Thema Abgleich folgen später in diesem Kapitel noch Informationen.

Beispiel 2: Ein typisches Fehlerbild, wie es durch Falschpolung eines Funkgerätes entstehen kann, zeigt ein weiteres Beispiel. Normalerweise befindet sich in der Zuleitung für die Stromversorgung des Funkgerätes eine Sicherung. Diese brennt durch, wenn die Stromversorgung falsch gepolt angeschlossen wurde.

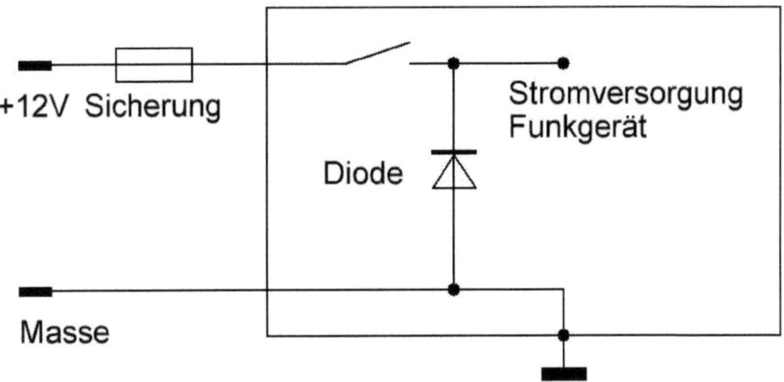

Schutzdiode und Sicherung in der Gerätezuleitung

Der Strom fließt dann quasi über eine Abkürzung in Form einer Diode direkt wieder ab. Durch die zu hohe Stromstärke brennt die

Sicherung durch. Dadurch kann im Gerät kein weiterer Schaden
angerichtet werden.

Fehlt diese Sicherung bzw. wurde diese überbrückt, kann der
entgegen der vorgesehenen Richtung fließende Strom erheblichen
Schaden im Funkgerät anrichten. Es hängt davon ab, wie lange der
Strom bei welcher Spannung fließt und dabei Bauteile beschädigt. Oft
werden mehrere Halbleiterbauteile wie Transistoren und ICs zerstört.
Die zur Ableitung des Stroms eingesetzte Diode ist zu diesem
Zeitpunkt schon längst durchgebrannt. Im vorliegenden Fall war das
Endstufen-IC für den Verstärkerteil im Funkgerät defekt, im Bild am
Kühlkörper zu sehen. Ebenso musste die Schutzdiode ausgewechselt
werden.

Endstufentransistoren (rechts) und Verstärker-IC (oben Mitte) im CB- Funkgerät

Was für ein Schaden im Falle einer Verpolung des Stromanschlusses
entsteht, lässt sich kaum abschätzen oder allgemein sagen. Im
schlimmsten Fall sind mehrere ICs defekt, sodass ein wirtschaftlicher
Totalschaden vorliegt. Das gilt vor allem dann, wenn das Gerät schon

über eine Mikroprozessorsteuerung verfügt und diese Schaden genommen hat, zu erkennen an einer fehlerhaften oder Funktion des Bedienteils oder dessen kompletten Ausfall.

Beispiel 3: Ein ebenfalls wahrscheinlich häufiger vorkommender Fehler ist die Zerstörung des Endstufentransistors für den Sender des Funkgerätes. Meist wird ein solcher Defekt verursacht durch den Anschluss einer nicht geeigneten oder falsch eingestellten Antenne und einer damit verbundenen Überlastung der Endstufe im Funkgerät. Nicht so selten kommt es auch vor, dass ein Kurzschluss in der Antennenleitung (etwa durch ein beschädigtes Antennenkabel oder einen nicht korrekt angeschlossenen Antennenstecker) oder in der Antenne die Endstufe zerstört. Die Reparatur erfolgt durch den Austausch des Transistors und einen anschließenden Abgleich des Sendeteils. Schwierig ist hier manchmal die Beschaffung eines passenden Ersatzteils.

VCO, PLL und die Frequenzabstimmung

Den Oszillator und dessen Funktion kennen Sie schon aus den vorangegangenen Kapiteln. Er ist sowohl für den Sendeteil als auch für den Empfänger wichtig. Ohne ihn geht praktisch nichts. Umso wichtiger ist dessen richtige Einstellung. Er stellt in Verbindung mit einer PLL-Schaltung die zum Sende- und Empfangsbetrieb notwendigen Frequenzen bereit. Der Oszillator bzw. dessen Frequenz wird durch eine Spannung eingestellt, deshalb wird er auch als spannungsgesteuerter Oszillator bezeichnet. Die Einstellung der Oszillatorfrequenz erfolgt in vielen Fällen mithilfe einer Kapazitätsdiode. Die oft auch als Varicap oder Abstimmdiode bezeichnete Kapazitätsdiode hat eine bestimmte Kapazität. Diese kann abhängig von der an der Diode anliegenden Spannung eingestellt werden. In einem Schwingkreis eingesetzt, dient eine solche Diode zum Einstellen der Oszillatorfrequenz mithilfe einer

Steuerspannung. Die ebenfalls in diesem Buch erwähnte PLL-Schaltung sorgt dafür, dass die Frequenz möglichst genau gehalten wird, was beim CB-Funk unbedingt notwendig ist. Die Phasenregelschleife (PLL) passt die Frequenz des Oszillators laufend an die gewünschte Sende- oder Empfangsfrequenz an.

PLL mit und ohne Regelkreis (Regelschleife)

PLL heißt ja Phase-Locked Loop, also auf deutsch übersetzt soviel wie Phasenregelschleife. In einer Regelschleife (man könnte auch sagen, in einem Regelkreis) wird ein Ausgangssignal mit einer fest definierten Größe verglichen und gegebenenfalls eine Korrektur vorgenommen, wenn der Istwert vom Sollwert abweicht. In diesem Beispiel ist das die Frequenz eines spannungsgesteuerten Oszillators, die mit einem Sollwert verglichen und entsprechend nachgestellt wird. Das Ganze funktioniert so wie in der nächsten Abbildung.

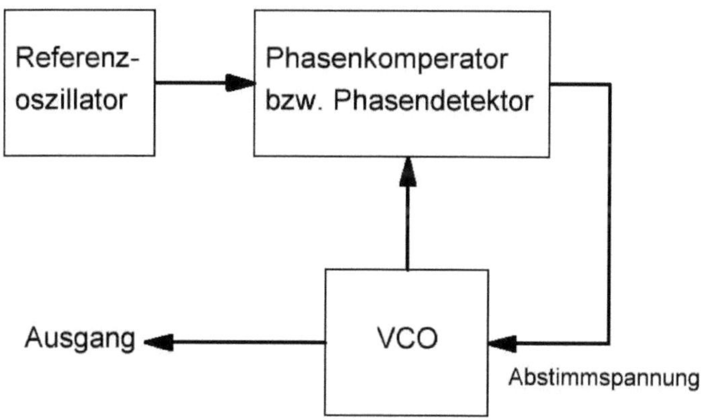

PLL-Regelschleife mit abstimmbaren VCO

Ein Referenzoszillator stellt eine fest definierte Ausgangsgröße im Forum der Referenzfrequenz zur Verfügung. Der Phasendetektor vergleicht dieses Signal mit dem eines zweiten Oszillators, dem VCO. Soweit beide Signale und deren Phasen übereinstimmen, ist alles in Ordnung. Weicht jedoch das Ausgangssignal des VCO von dem des Referenzoszillators ab, erfolgt eine Nachregelung mithilfe der Abstimmspannung. Es ist also ein kompletter Regelkreis vorhanden. Wird ein Referenzoszillator verwendet, der fertig aufgebaut wurde und genau arbeitet, benötigt man nicht unbedingt die komplette Regelschleife aus der Abbildung. Es ist ebenso gut möglich, die Frequenz des Referenzoszillators direkt zu verwenden. Das vereinfacht es, viele Frequenzen mithilfe einer einzigen Referenzfrequenz zu erzeugen, was beim CB-Funk aufgrund der vielen Kanäle gewünscht ist. In diesem Fall kommt die PLL zum Einsatz, wie sie in der nächsten Abbildung dargestellt wurde.

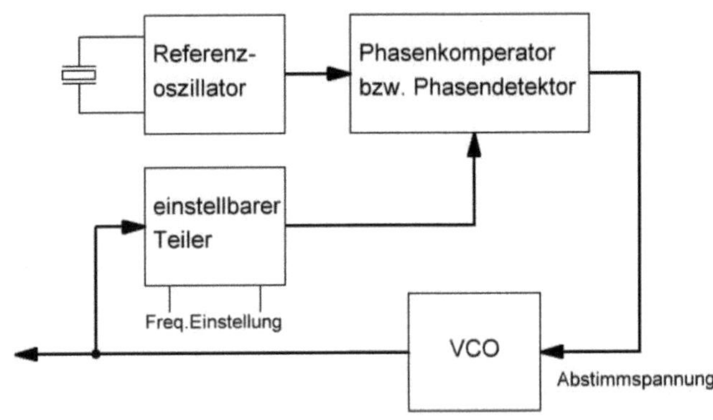

PLL-Funktionsprinzip mit Referenz und einstellbarem Frequenzteiler

Mithilfe dieser Schaltung ist es möglich, beliebig viele Frequenzen mithilfe eines einzigen Quarzes zur Verfügung zu stellen. Die Frequenz des VCO wird in einem einstellbaren (programmierbaren) Teiler zunächst geteilt und im Phasendetektor mit der Referenzfrequenz verglichen. Über die Abstimmungsspannung wird der VCO bzw. dessen Ausgangsfrequenz korrigiert, falls das notwendig ist. Mithilfe der Frequenzeinstellung ist es möglich, die Ausgangsfrequenz der Schaltung um ganze Vielfache der Referenzfrequenz (zum Beispiel 2,5 kHz) zu verändern. Im Funkgerät wie dem vorliegenden wird dazu die Quarzfrequenz in Höhe von 10,240 MHz durch 4096 geteilt, um auf die 2,5 kHz Referenzfrequenz zu kommen. Diese Referenzfrequenz wird nun vervielfacht. In einem Speicher des PLL-Bausteins sind verschiedene Frequenzen und die notwendigen Multiplikatoren abgelegt. Der Multiplikator für den Kanal 40 ist 5481, die dort gespeicherte Oszillatorfrequenz (Frequenz VCO) für den Kanal 40 während des Sendebetriebs beträgt 13,7025 Mhz (2,5 kHz bzw. 0,0025 MHz multipliziert mit 5481), also genau die Hälfte der benötigten Sendefrequenz, in diesem Fall 27,405 Mhz. Als Oszillatorfrequenz für den Empfang auf Kanal 40 ist ein Wert von 16,71 MHz abgespeichert, der Multiplikator beträgt hier 3342. Das Ergebnis wird anschließend verdoppelt. Zusammengerechnet mit der ersten Zwischenfrequenz in Höhe von 10,695 MHz (angegeben in den technischen Daten zum Empfänger unter Zwischenfrequenzen) ergibt sich daraus die Empfangsfrequenz von ebenfalls 27,405 MHz. Die Frequenzeinstellung erfolgt dabei über das Bedienteil des Gerätes in Verbindung mit einer Kanalanzeige. Bei Geräten mit 80 Kanälen sind entsprechend weitere Frequenzen in der PLL abgelegt. Der Baustein enthält also verschiedene Komponenten, darunter den Phasendetektor, den einstellbaren Teiler und ein ROM (Read Only Memory). Lediglich der VCO ist extern aufgebaut. Um die verschiedenen Frequenzen zum Senden und Empfangen zur Verfügung zu stellen, besitzt die PLL einen zusätzlichen Eingang für die Umschaltung zwischen Senden und Empfangen. Manche Bausteine besitzen zusätzlich noch einen Eingang zur Umschaltung auf Kanal 9 (Channel 9 Schalter).

Doch zurück zu diesem Beispiel. Der VCO war verstellt, demzufolge war ein einwandfreier Sende- und Empfangsbetrieb nicht mehr möglich. Wie kann nun eine Funktionsprobe bzw. ein Abgleich vorgenommen werden? Zunächst muss die Grundfrequenz bzw. Referenzfrequenz stimmen, in diesem Fall 10,240 MHz. Dies ist sozusagen die Grundfrequenz für die PLL. Korrigiert wird diese über einen kleinen Trimmerkondensator. Für diese Kontrolle ist ein Frequenzzähler notwendig. Lässt sich die Freuquenz nicht einstellen, muss in der Regel der entsprechende Quarz ausgetauscht werden. Anschließend wird der VCO eingestellt. Der Abgleich erfolgt zunächst im Empfangsmodus auf Kanal 40. Die Kontrolle der Regelspannung erfolgt mit einem Spannungsmessgerät an einem vorgegebenen Testpunkt (Ausgang PLL zum VCO, in der Abgleichanleitung als Testpunkt angegeben). Die Höhe der Regelspannung richtet sich natürlich nach dem entsprechenden Funkgerät. Im vorliegenden Fall sollte sie bei 4,0 Volt liegen. Der Abgleich erfolgt meist mit einer abstimmbaren Induktivität, also eine Spule mit einem Ferritkern, der verstellbar ist. Die Einstellung ist etwas schwierig, es sollte unbedingt ein nicht metallisches Werkzeug verwendet werden. Ist die Regelspannung richtig eingestellt, erfolgt eine Umstellung auf Kanal 1, anschließend sollte die Spannung erneut gemessen werden. Sie sollte einen Wert angegeben in der Abstimmanleitung haben (oft sind es Werte um die 2,0 Volt). Die Werte sind dabei immer abhängig vom jeweiligen CB-Funkgerät, liegen aber bei ähnlichen Geräten (zum Beispiel von einem Hersteller) oft bei denselben Werten.

Abgleich von Sender und Empfänger

Der Abgleich der Funkgeräte erfolt in der Regel nach einem mehr oder weniger festen Schema, abhängig von den Einstellmöglichkeiten und der Ausstattung des vorliegenden Gerätes. Hier ist eine beispielhafte Abgleichfolge, wie diese bei vielen gängigen Geräten angewandt wird. Auch PLL- und VCO-Abgleich sind darin enthalten.

Abgleich PLL und VCO

- Abgleich 10,240 MHz für PLL mithilfe eines Frequenzzählers (die Frequenz ergibt sich aus der 1. Zwischenfrequenz abzüglich der 2. Zwischenfrequenz)
- Abgleich VCO mithilfe eines Spannungsmessgerätes und einer Trimmerspule auf Kanal 40 (Sollspannung oft 4,0 Volt) und anschließend auf Kanal 1 (Sollspannung häufig in Bereichen um die 2,0 Volt, geräteabhängig)

Abgleich Sender

- Abgleich Treiberstufe auf geräteabhängigen Kanal (zum Beispiel 20, teilweise auch Kanal 15 oder 19, angegeben in der Abgleichanleitung) auf maximalen HF-Pegel mithilfe eines Oszilloskops
- Abgleich RF-Verstärker bei vorgegebener Betriebsspannung (zum Beispiel 13,2 Volt) auf die zugelassene Leistungsabgabe (4 Watt, geräteabhängig teilweise bis zu 4,4 Watt). Messung erfolgt durch Leistungsmessgerät am Antennenanschluss mit nachgeschaltetem Dummyload (Leistungswiderstand).
- Überprüfung der Senderfunktion mithilfe eines Spektrumanalysators auf Oberwellen und Abgleich auf minimalen Oberwellenanteil bei Sollleistung.
- Die Abstimmung erfolgt mithilfe von im Senderteil enthaltenen Spulen, teilweise durch Auseinanderziehen oder Zusammendrücken der Luftspulen ohne Metallkern.
- Überprüfung, ob die Sendeleistung kanalabhängig nicht zu stark abweicht (Kanal 01 bis 40 weniger als 0,3 Watt), AM-Ausgangsleistung ebenfalls überprüfen.

- Senderfrequenz überprüfen mithilfe von Frequenzmesser am Antennenausgang, bei Bedarf Abgleich mit Trimmer nach Herstellervorgaben
- Überprüfung und Einstellung FM-Frequenzhub (durch Modulation, oft Werte von 1,9 kHz) sowie AM-Modulationsgrad (zum Beispiel 95 Prozent)

Abgleich Empfänger

- Empfindlichkeit des Empfängers auf vorgegebenem Kanal (herstellerabhängig, oft Kanal 15) mit bestimmtem Modulationsgrad auf AM und Abgleich auf Maximalwerte, Einstellung erfolgt mit Messsender
- Empfängerempfindlichkeit FM mithilfe eines Signals von einem Messender auf maximalen NF-Ausgangspegel
- Bei manchen Geräten Abgleich des Empfängerteils auf beste Klangqualität
- Abgleich Pegel für die Rauschsperre nach Herstellervorgaben
- S-Meter-Abgleich mithilfe eines Signals mit einem definierten Pegel. Anzeige muss nach den Vorgaben in der Abgleichanleitung funktionieren

Die hier genannten Abgleichschritte können natürlich nur exemplartisch sein. Je nach Gerät und Ausstattung variieren diese, auch die vorgegebenen Bedingungen während des Abgleichs.

Sie sehen, dass für den Abgleich Kenntnisse in der Hochfrequenztechnik und geeignete Prüf- und Messvorrichtungen erforderlich sind. Ohne diese wird meist mehr verstellt als eingestellt. Gerätschaften wie einen Spektrumanalysator dürften nur die wenigsten haben. Die Beispiele in diesem Buch sollen Ihnen einen Eindruck vermitteln, wie der Abgleich prinzipiell erfolgt. Dies ist keine Anleitung für den Abgleich. Ein Funkgerät ist schnell verstellt. Überlassen Sie solche Arbeiten spezialisierten Fachbetrieben, um das Gerät nicht unbrauchbar zu machen.

Modifikationen und Einstellungen

Eine höhere Sendeleistung, eine wesentlich bessere Reichweite oder sogar die Nutzung zusätzlicher Kanäle sind oft die Motivationen für Modifikationen und Einstellungen an funktionierenden Funkgeräten. Im Internet kursieren zahlreiche solcher Umbauten, Modifikationen oder Einstellmöglichkeiten. Sie sollten nur wissen, dass jegliche Art von Umbau oder Modifikation in der Regel dazu führt, dass das Gerät nicht mehr im gesetzlichen Rahmen genutzt werden kann. Werden die Modifikationen sogar selbst vorgenommen, besteht natürlich auch immer die Gefahr einer Beschädigung des Gerätes. Das gilt insbesondere für sehr moderne Geräte, bei denen winzige Lötkontakte oder Bauteile überbrückt oder geändert werden müssen, um die gewünschte Änderung zu erhalten. Relativ leicht tut man sich da mit softwaremäßigen Änderungen, die im Servicemenü vorzunehmen sind. Das ist jedoch eher die Ausnahme. Hier sind noch einmal die häufigsten Gründe, warum die Änderungen vorgenommen werden bzw. was alles möglich ist:

- Erhöhung der Sendeleistung bzw. verschiedene Einstellmöglichkeiten zur Auswahl verschiedener Leistungsstufen
- Verbesserung der Modulation durch höhere Lautstärke und erweiterten Frequenzbereich
- mögliche Nutzung zusätzlicher Kanäle (in der Regel im Amateurfunkbereich)
- Einstellungen im Servicemenü vornehmen, die im Normalbetrieb nicht zugänglich sind (Modulationsgrad, Leistung für AM und FM einstellen sowie weitere Funktionen)
- Nutzung eines erweiterten Kanalbereiches bei AM (zum Beispiel 40 statt 12 Kanäle auf AM)

-   Modifikationen zum Anschluss von externen Geräten (S-Meter, Verstärkermikrofone mit nicht kompatiblen Anschlüssen, externe Lautsprecher usw.)
-   Umbauten für das optische Tuning (geänderte LED-Beleuchtung usw.)

Gerade die Nutzung von 40 Kanälen auf AM ist eine beliebte Umbaumaßnahme, da ältere Geräte aus den 1980er Jahren lediglich für die Nutzung von 12 Kanälen mit der Modulationsart AM vorgesehen waren (Kanäle 04 bis 15). Oftmals ließ sich eine solche Modifikation durch das Einsetzen einer einzigen Drahtverbindung durchführen wie in der folgenden Abbildung.

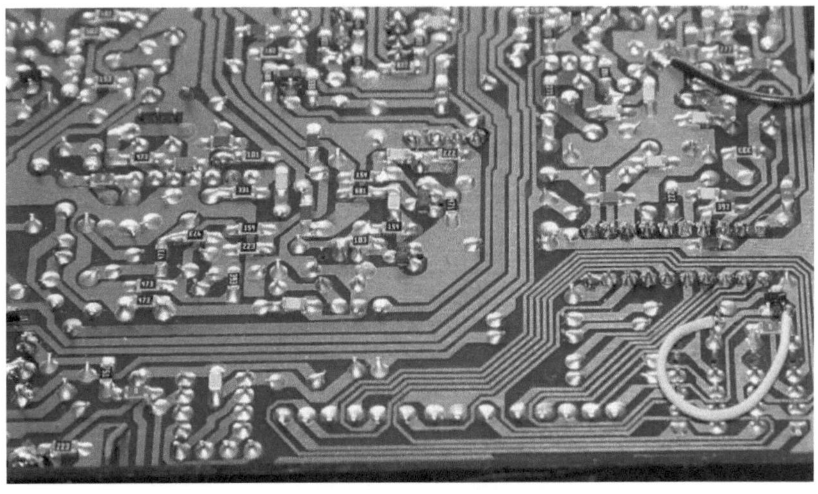

Senden und Empfangen auf 40 Kanälen AM durch Einlöten einer Drahtverbindung

Während sich die einfachsten Modifikationen auf das Einlöten einer Drahtbrücke oder das Setzen eines Jumpers beschränken, führen andere Maßnahmen zu einem fast kompletten Umbau des gesamten Gerätes. Oft sind alte 12-Kanal-Funkgeräte wie Heimstationen aus dem Anfang der 1980er Jahre auf 80 Kanäle FM erweitert worden und wurden mit Zusatzfunktionen versehen. Einige Firmen haben sich sogar auf den Umbau von verschiedenen Klassikern unter den CB-Funkgeräten spezialisiert und bieten diesen den Kunden an. Teilweise erfolgt auch ein Verkauf von Zusatzmodulen, welche einen Umbau der Geräte durch den Nutzer selbst ermöglichen, ohne dabei Mikrocontroller zu programmieren oder sonstige Spezialaufgaben durchführen zu müssen. Dadurch lassen sich alte Klassiker modernisieren und quasi auf den neuesten Stand der Technik bringen. Inwieweit sich solche Investitionen lohnen, muss jeder für sich selbst entscheiden. Bei einigen hochwertigen Funkgeräten aus damaliger Zeit mag das aber durchaus zutreffen. Dies gilt besonders dann, wenn es sich um gut erhaltene Geräte handelt, die eine gut erhaltene technische Grundlage für den Umbau darstellen.

Wenn sich die Reparatur nicht mehr lohnt

Ab wann lohnt sich eine Reparatur nicht mehr und wie erkennt man, wann es sich um einen wirtschaftlichen Totalschaden handelt? Das ist eine gar nicht so einfach zu beantwortende Frage. Viele Funkgeräte lassen sich ohne Weiteres noch reparieren. Lohnt sich das nicht mehr oder ist eine Reparatur mit Schwierigkeiten verbunden, hat das oft folgende Gründe, von denen meistens gleich mehrere bei einem Gerät zutreffen.

- Defekte an Bauteilen, die sich nur sehr schwer (wenn überhaupt) beschaffen lassen wie zum Beispiel Spezial-ICs, nicht mehr beschaffbare Halbleiter bei älteren Geräten, defekte Filter bzw. solche mit festsitzenden Ferritkernen
- Zu viele defekte Bauteile, sodass die Reparatur mit einem unverhältnismäßig hohen Bauteileaufwand verbunden ist (möglicherweise durch Überspannungen, Kurzschlüsse oder ähnlich Ursachen)

- Mechanische Beschädigungen der Platine(n) durch äußere
  Einflüsse (Platinenrisse oder Brüche und Ähnliches)
- Beschädigungen an gerätespezifischen Bauteilen, wenn sich
  diese nicht mehr durch Ausschlachten baugleicher Geräte
  beschaffen lassen (siehe auch Thema Ersatzteilbeschaffung
  und Lagerung von Geräten als Ersatzteilträger)
- Komplett verstellte Geräte, meist in Verbindung mit
  Beschädigungen an Spulenkernen oder an den Spulen
- Starke optische Beeinträchtigungen durch Verschleiß oder
  schlechte Pflege der Geräte und deren Zubehör

Liegt ein solcher wirtschaftlicher Totalschaden vor, bleibt zur
Wiederverwertung zumindest von einigen Bauteilen meist nur noch
das Dasein des Gerätes als Teileträger für andere Elektronikprojekte,
wenn es nicht gleich komplett entsorgt wird.

*Viele Hobbyelektroniker legen sich im Laufe der Zeit ein größeres
Repertoire an (Funk-) Geräten zu. Inwieweit man dieses Hobby
soweit ausbauen möchte (nicht zuletzt auch aus Platzgründen),
muss natürlich jeder selbst entscheiden. Es bleibt aber die
Tatsache, dass sich viele Reparaturen an den Funkgeräten nur
mithilfe solcher Ersatzteilträger durchführen lassen. Das gilt nicht
nur bei benötigten Spezial-ICs oder Knöpfen, Reglern, Schaltern und
so weiter, sondern auch bei ebenso oft benötigten Bauteilen wie
(Sende-) Transistoren, Kapazitätsdioden, Quarzen und anderen
„spezielleren" Bauteilen, die im Elektronikhandel nicht ohne
Weiteres gekauft werden können oder die gemessen am Wert des
Gerätes oft viel zu teuer sind.*

Gebrauchte CB-Funkgeräte

Gebrauchte CB-Funkgeräte bekommen Sie nicht nur auf dem
Flohmarkt, sondern auch bei nahezu allen gängigen Internetportalen,
auf denen mehr oder weniger gebrauchte bzw. noch brauchbare
Waren zum Kauf angeboten werden. Für viele Funker ist das sogar
der Einstieg ins Hobby, wenn nicht gleich ein teueres Neugerät
angeschafft werden soll, auch wenn die Kosten für eine einfache
Funkanlage (Mobilfunkgerät mit Stecker für den Zigarettenanzünder,
Magnetfußantenne und Stehwellenmessgerät samt kurzen
Verbindungskabel) sich in einem überschaubaren Rahmen halten.
Warum sollte man dort nicht auch Ausschau halten nach älteren
Geräten? Das ist leider nicht so einfach. Man benötigt schon eine
gewisse Erfahrung, um hier das Brauchbare vom Schrott zu trennen.
Oft werden Geräte angeboten, die selbst als Teileträger kaum noch
zu gebrauchen sind. Außerdem, bleibt stets die Frage, ob das aktuell
benötigte Bauteil noch brauchbar ist, wenn ein baugleiches Gerät zur
Ersatzteilgewinnung angeschafft wird. Meist läuft es darauf hinaus,
dass der Kauf von gebrauchten Funkgeräten und die Beschaffung von
Bauteilen aus alten Geräten miteinander kombiniert wird. Es werden
gebrauchte Funkgeräte zum Herrichten gekauft, zumindest steht das
in der Regel im Vordergrund. Ist eine Reparatur unwirtschaftlich oder
wegen nicht zu bekommender Bauteile nicht mehr möglich, dienen
solche Geräte dann als Ersatzteilträger. Noch im Elektronikfachhandel
erhältliche Bauteile kauft man bei Bedarf dazu. Viele
Hobbyelektroniker und Funker legen sich dazu im Laufe der Jahre ein
umfangreiches Lager an.

Kapitel 5: Antennentechnik

Eine der wichtigsten Komponenten in der gesamten Funktechnik ist die Antenne. Das gilt sowohl für den Sender als auch für den Empfänger. Mithilfe des Senders und der Antenne werden elektromagnetische Wellen erzeugt. Die Antenne dient dazu, diese zu verbreiten, eine sehr wichtige Aufgabe. Ohne passende Antenne hat der Empfänger keinen vernünftigen Empfang. Das gilt in besonderem Maße für den CB-Funk, da hier mit relativ geringen Sendeleistungen möglichst große Entfernungen überbrückt werden müssen. Die Sendeanlage muss die elektromagnetischen Wellen mithilfe einer geeigneten Antenne optimal aussenden, die Empfangsantenne muss sie wieder aufnehmen und an den Funkempfänger weitergeben. Die Antenne ist also für das Funkgerät die Schnittstelle zur Außenwelt. Nicht ohne Grund wird gesagt, dass eine gute Antenne mehr wert ist als der beste Verstärker. Das alles sind Gründe genug, um der Antennentechnik ein eigenes Kapitel zu widmen. Bereis im ersten Band haben Sie lesen können, wie wichtig die Einstellung der Stehwelle ist. Es kommt also nicht nur darauf an, eine möglichst hochwertige und gut plazierte Antenne zu verwenden. Die Antenne sollte auch optimal an die individuellen Gegebenheiten am Aufstellort und an die verwendete Funkanlage angepasst werden. Lesen Sie hier einiges über Mobilantennen und Stationsantennen und darüber, wie man für den CB-Funk mit einfachen Mitteln Antennen auch selber bauen kann, die sich leistungsmäßig hinter den gekauften Ausführungen nicht unbedingt zu verstecken brauchen.

Sender, Antenne und Wellenausbreitung

Elektromagnetische Wellen können sich im Raum ausbreiten und benötigen dazu kein Medium. Erzeugt werden sie von einem Sender, genauer gesagt von einem Oszillator, also einem Schwingkreis. Dieser erzeugt eine hochfrequente Wechselspannung. Diese wird über das

Antennenkabel an die Antenne übertragen. Hier entstehen die elektromagnetischen Wellen und werden ausgestrahlt. Soweit so gut. Das Antennenkabel besteht aus einem Innenleiter und einer Abschirmung, damit die Sendeenergie gezielt und mit nur möglichst geringen Verlusten an die Antenne übertragen wird. Funktioniert die Übertragung der Sendeenergie vom Funkgerät zum Raum aus irgendeinem Grund nicht (zum Beispiel wegen des Betriebs ohne angeschlossene oder mit fehlerhafter Antenne), gelangt die Energie zu einem Großteil zurück zum Sender. Der Sender im Funkgerät kann durch diese reflektierte Energie beschädigt werden. Doch damit nicht genug. Wie Sie wissen, muss die Antenne auch vernünftig eingestellt sein, sonst wird ein Teil der Sendeenergie ebenfalls wieder reflektiert und gelangt an die Sendeendstufe zurück. Funkgerät, Antennenleitung und Antenne müssen also eine gut aufeinander abgestimmte Anlage darstellen, damit alles reibungslos funktioniert. Auch die Antenne sollte dazu ein paar Eigenschaften aufweisen, damit sie den Anforderungen der einwandfreien Übertragung der elektromagnetischen Wellen an die Umgebung genügen kann.

Antenne und elektromagnetische Wellen

Eine Antenne soll die elektromagnetischen Wellen möglichst weit ausstrahlen, damit eine Funkübertragung auch über längere Distanzen erfolgen kann. Damit die optimalen Sende- und Empfangsbedingungen hinsichtlich der Antenne hergestellt werden können, müssen einige Voraussetzungen erfüllt werden. Ansonsten nützt der beste Sender mit großer Sendeleistung und guter Modulation nicht viel. Die Antenne muss einen geeigneten Aufstellungsort finden und ist das wichtigste Element bei jeder drahtlosen Übertragung. Über sie werden auf der Senderseite die sogenannten freien elektromagnetischen Wellen an die Umgebung abgegeben. Elektromagnetische Wellen benötigen zur Ausbreitung kein Medium wie der Schall die Luft. Außerdem bewegen sie sich mit Lichtgeschwindigkeit, und zwar unabhängig von ihrer Frequenz. Die elektromagnetischen Wellen erzeugen elektrische und magnetische Feldlinien, da sie, wie auch der Name schon sagt, sowohl elektrische als auch magnetische Anteile enthalten. Genauer gesagt sind es gekoppelte elektrische und magnetische Felder, wobei sich die Feldlinien des elektrischen und magnetischen Feldes gegenläufig verhalten, wie in der Abbildung dargestellt. Magnetische Felder entstehen in der Umgebung stromdurchflossener Leiter oder in der Nähe von Dauermagneten. Dabei konzentrieren sich die magnetischen Feldlinien kreisförmig um den jeweiligen Leiter (hier die Antenne).

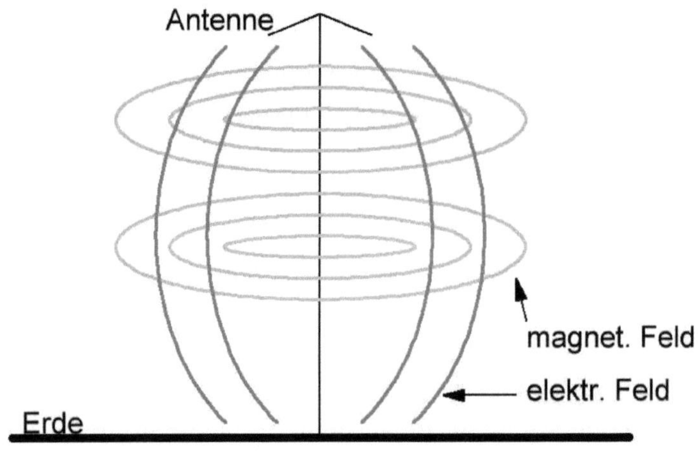

Elektrisches und magnetisches Feld um der Antenne

Das elektrische Feld entsteht zwischen zwei elektrischen Polen, bei der Funkantenne bestehend aus Antennenstab und Gegengewicht bzw. Erde. Das Gegengewicht besteht dabei aus den Radials einer

Stationsantenne oder der Karosserie eines Fahrzeuges bei einer Mobilantenne oder Magnetfußantenne. Aus diesem Grund muss auch eine Mobilfunkantenne oder eine Magnetfußantenne immer mit einer Metallplatte als Gegenpol versehen werden, wenn sie für Testzwecke oder behelfsmäßig als Antenne für eine daheim betriebene Funkstation eingesetzt werden soll. Ohne diesen Gegenpol verschlechtert sich die Leistung der Antennenanlage erheblich. Antennenstäbe bzw. Stabantennen sind sogenannte Rundumstrahl-Antennen, die Ihre Strahlung in alle Richtungen abgeben und auf gleiche Weise empfangen.

Die Ausbreitung elektromagnetischer Wellen

Die Ausbreitung der elektromagnetischen Wellen mithilfe der Antenne erfolgt beim CB-Funk zum größten Teil gradlinig und in Erdnähe, daher spielt der Aufstellungsort für die Antenne eine erhebliche Rolle, der im Idealfall möglichst hoch gelegen ist. Je niedriger die Antenne angebracht wird, desto größer sind die Verluste, die aufgrund der zahlreichen unkontrollierten Reflexionen in Bodennähe auftreten. Diese spielen nicht nur für die Ausbreitung der Funkwellen in dicht besiedelten Gebieten mit größeren Gebäuden eine erhebliche Rolle, sondern überall dort, wo die Wellen in der Nähe des Erdbodens übertragen werden sollen. Das ist auch der Grund dafür, weshalb bei der gegebenen Sendeleistung von rund 4 Watt die Reichweite im CB-Funk unter reellen Bedingungen stark begrenzt ist. Es sind aber auch durch Bodenwellen schon wesentlich größere Entfernungen überbrückt worden, natürlich nur unter optimalen Bedingungen. Unter Einwirkung von speziellen atmosphärischen Bedingungen kann die Reichweite nochmals erheblich erhöht werden. Eine Ausbreitung der elektromagnetischen Wellen über weitaus größere Distanzen von bis zu mehreren 100 Kilometern erfolgt dabei durch die sogenannten Raumwellen. Deren

Ausbreitung erfolgt dabei durch Reflexionen in den verschiedenen Schichten der Ionosphäre.

Die wichtigsten Kenngrößen einer Antenne

Unabhängig von ihrer Bauart und Größe weisen Antennen einige wichtige Kenndaten auf. Hier sind die wichtigsten:

- **Impedanz:** der Eingangswiderstand, die Summe aus dem ohmschen, kapazitiven und induktiven Widerstand
- **Strahlungscharakteristik:** die Art, wie die elektromagnetischen Wellen richtungsmäßig an die Atmosphäre abgegeben werden
- **Antennengewinn oder nur Gewinn:** eine Größe, welche die Richtwirkung und den Wirkungsgrad einer Antenne zusammenfasst, in der Regel angegeben in Dezibel (dB)
- **Wirkungsgrad:** Verhältnis der Antenne zugeführten Energie zur abgestrahlten Energie, beim Empfänger das Verhältnis zwischen der von der Antenne dem Empfänger zugeführten zur tatsächlich aufgenommenen Leistung
- **Bandbreite:** der Frequenzbereich, in dem die Antenne innerhalb ihrer Spezifikation mit nahezu unveränderten Kenndaten betrieben werden kann, bei Antennen für den CB-Funk ist sie in der Regel wesentlich größer als die tatsächliche Bandbreite des hier genutzten Frequenzbereiches
- **Polarisation:** die Schwingungsrichtung der abgegebenen Funkwellen, eine vertikal zur Erdoberfläche aufgestellte Stabantenne etwa erzeugt vertikal polarisierte Wellen (Sender und Empfänger sollten daher in gleicher Richtung aufgestellte Antennen verwenden)

Zu einigen der genannten Kenngrößen sollen an dieser Stelle noch ein paar Erläuterungen folgen. Die Impedanz einer Antenne ist ein komplexer Widerstandswert, der unter Verwendung eines Wechselstroms mit einer bestimmten Frequenz gemessen werden kann. Dieser Wert wird auch als Eingangs- oder Fußpunktwiderstand bezeichnet . In der Antennentechnik unterscheidet man zwischen dem Fußpunktwiderstand bzw. Eingangswiderstand einer Antenne und dem Verlustwiderstand, der unter anderem aus dem ohmschenen Widerstand der Zuleitungen besteht.

Strahlungs- bzw. Richtungscharakteristik

Eine weitere wichtige Kenngröße ist die Strahlungs- bzw. Richtungscharakteristik. So gibt es beispielsweise die sogenannten Rundstrahler. Das sind Antennen, die Funkwellen fast gleichmäßig in alle Richtungen ausstrahlen. Daneben gibt es Antennen, die bevorzugt in eine Richtung elektromagnetische Wellen abgehen bzw. diese bevorzugt aus einer bestimmten Richtung empfangen (Stichwort: Richtfunk). Aber keine Antenne strahlt in alle Richtungen gleichmäßig aus, ebenso sind auch die Richtfunk eingesetzten Sende- und Empfangsantennen durchaus in der Lage, auch elektromagnetische Wellen in andere Richtungen abzugeben oder aus anderen Richtungen aufzunehmen, wenn auch wesentlich abgeschwächt. In der Funktechnik werden zum großen Teil sogenannte Rundstrahlantennen eingesetzt, die in alle Himmelsrichtungen abstrahlen oder Funkwellen empfangen. Es handelt sich um Stabantennen, die vertikal aufgestellt werden und das schon erwähnte Gegengewicht benötigen. Dies ist eine etwas von der Erde abgesetzte, elektrisch leitende und metallische Fläche. Das kann das Blech der Fahrzeugkarosserie sein, die radial verlaufenden Stäbe unterhalb des Strahlers (Radials) einer Heimstationsantenne oder ein anderer Metallgegenstand, an dem die Antenne montiert wurde wie etwa ein Metallgeländer bei einer Balkonantenne oder eine metallene Halterung an einem Fahrzeug, wenn es sich um eine Mobilantenne handelt.

Das Gegengewicht für den Antennenstrahler

Eine Stabantenne muss immer auf einer metallischen Fläche installiert werden, wobei deren Fläche möglichst groß gewählt werden sollte. Benötigt wird dieses Gegengewicht aus folgendem Grund: Eine Antenne erzeugt elektrische Felder zwischen Antennenstab und Gegengewicht. Hieraus entstehen wiederum magnetische Felder. Zwar strahlt ein Antennenstab auch ohne dieses Gegengewicht Funkwellen aus. Allerdings gelangen deren ausgestrahlte Feldlinien an den Außenleiter des Antennenkabels. Durch die Entstehung von elektromagnetischen Wellen bei dieser Anordnung wird der Außenleiter selbst zur Antenne und beeinflusst den gesamten Aufbau in seiner Funktion. Es kommt zu einer Verschlechterung des Wirkungsgrades der gesamten Antennenanlage (falls man das noch so nennen kann). Außerdem besteht eine Fehlanpassung zwischen Antenne und Funkgerät und ein damit verbundener Energieverlust. Ein Großteil der Sendeenergie wird also lediglich in Wärme umgewandelt oder aufgrund der Fehlanpassung wieder zur Sendeendstufe zurückgeleitet. Siehe dazu auch die Abbildung auf der folgenden Seite, die dies verdeutlichen soll.

Nun lassen sich metallische Grundplatten nicht ohne Weiteres überall installieren. Gerade im Falle der Montage einer Antenne für die Heimstation bestehen hier oft kaum Möglichkeiten. Alternativ verwendet man bei einer solchen Antenne daher statt Metallflächen radial angebrachte Metallstäbe, wobei diese eine Länge von einem Viertel der Wellenlänge ($\lambda/4$) haben und in möglichst großer Anzahl vorhanden sein sollten. Die Länge der Radials lässt sich reduzieren, wenn zum Beispiel eine Spule in der Nähe des Einspeisepunktes der

Antenne verwendet wird. Mithilfe von Spulen lässt sich die Länge von
Strahler und Radials mechanisch verkürzen.

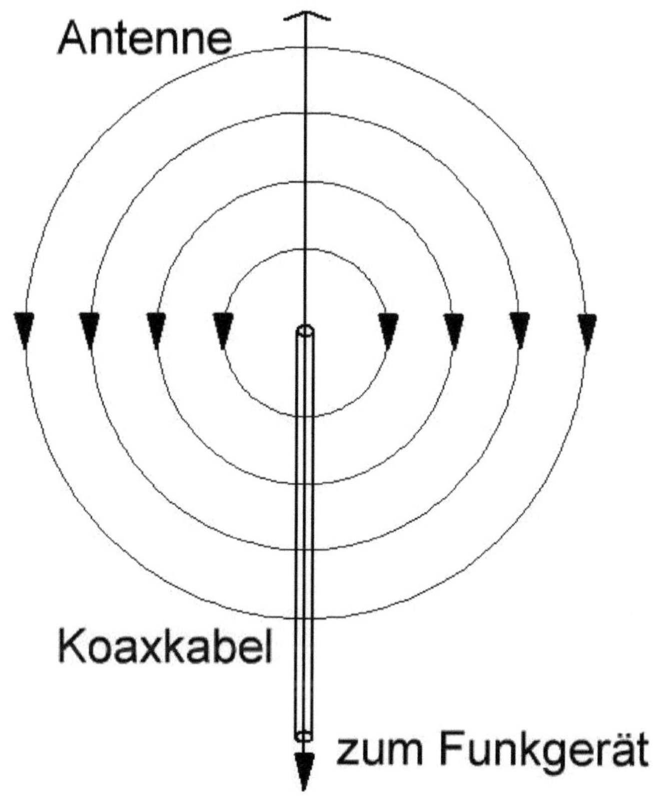

Die Kabelabschirmung nimmt die abgestrahlte Energie auf

Ein weiterer Faktor, der das Abstrahlverhalten der Antenne
wesentlich beeinflusst, ist der Winkel der Stäbe (Radials) gegenüber
dem Antennenstab. Normalerweise sind die Radials horizontal, also

waagerecht angeordnet. Sind sie nach unten geneigt, verändert (erhöht) das die Eingangsimpedanz der Antenne, die Anpassung verbessert sich.

Wellenlänge und Antennenlänge

Mindestens ebenso wichtig wie die Grundlage zum Aufbau der Antenne ist der Strahler bzw. dessen Länge, die maßgeblich zur Reichweite der Funkanlage beiträgt. Je länger desto besser, oder etwa nicht? Wenn beim Thema CB-Funk die Rede von Antennenlängen ist, fallen oft Begriffe wie Lambda Halbe oder Lambda Viertel. Lambda (Zeichen λ) ist das Zeichen für die Wellenlänge. Mithilfe der Wellenlänge und der Frequenz berechnet man die Antennenlänge. Wie Sie anhand der eingangs genannten Begriffe schon erahnen, sollte die Antennenlänge in einem bestimmten Verhältnis zur Wellenlänge stehen.

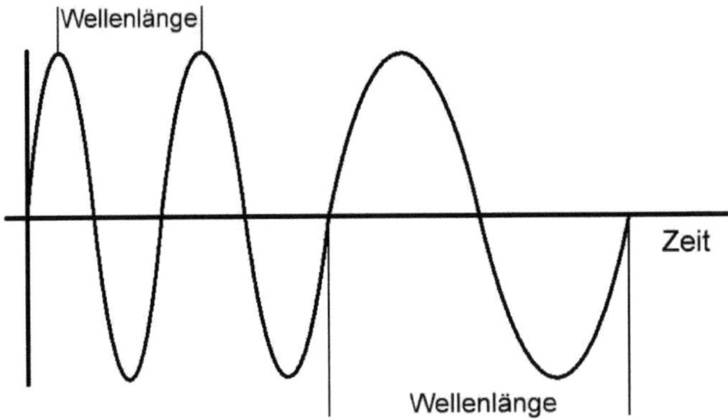

Kürzere und längere Perioden und Wellenlänge

Doch zunächst noch eine Auffrischung zum Thema Wellenlänge, siehe dazu auch die Abbildung. Beim CB-Funk spricht man auch oft vom 11-Meter-Band. Das bedeutet, die Wellenlänge beträgt hier ca. 11 Meter. Errechnen lässt sich diese, indem man die

Lichtgeschwindigkeit in Höhe von rund 300.000 km/s (299792458 m/s) durch die Funkfrequenz in Höhe von 27 MHz (27.000 kHz) teilt, also 300.000/27.000=11,11. Man könnte auch den Wert 300 durch die Frequenz in Megahertz teilen. Man rechnet aber meist mit angaben in **Kilo**metern pro Stunde und **Kilo**hertz. Trotz der auf dem ersten Blick doch groß erscheinenden Wellenlänge spricht man von der Kurzwelle. Zum Vergleich: Mittelwellen bringen es auf Wellenlängen zwischen 100 und 1000 Metern, Langwellen sogar auf Wellenlängen zwischen 1000 und 10000 Metern. Doch nun zum Verhältnis zwischen Wellenlänge und Antennenlänge. Würde die Länge der Funkantenne der Wellenlänge entsprechen, müsste der Antennenstab es auf eine Länge von immerhin rund 11 Metern bringen (von Mittel- oder Langwellenantennen wollen wir hier erst gar nicht reden). Das ist nicht sehr praktikabel. Aus diesem Grund wählt man Antennenlängen wie $\lambda/2$, $\lambda/4$ oder 5/8-Antennen. Diese Angaben beziehen sich auf die Antennenlänge in Abhängigkeit von der Wellenlänge, beim CB-Funk die schon genannten 11 Meter als Richtwert. Die genannten Antennenlängen haben sich im CB-Funk für unterschiedliche Einsatzbereiche durchgesetzt.

-   $\lambda/4$: Die Vorteile der kürzeren Antennen liegen auf der Hand: ihre Eignung überall dort, wo sehr lange Antennen hinderlich oder aus Platzgründen nicht einsetzbar sind. Weiter entfernte Stationen werden oft weitgehend ausgeblendet. Funkverbindungen über kurze Distanzen lassen sich aber in der Regel problemlos realisieren.
-   $\lambda/2$: Diese Antennen ermöglichen aufgrund ihrer Länge deutlich höhere Gewinne in der Sende- und Empfangsleistung. Sie eignen sich daher sowohl für lokale Verbindungen als auch für Fernfunkverbindungen. Sie werden überwiegend für Feststationen eingesetzt, überall dort, wo die entsprechenden Aufbaumöglichkeiten bestehen.

λ/2-Antennen haben einen etwas steileren Abstrahlwinkel als die 5/8-Antennen, dazu können Sie gleich mehr lesen.

- 5/8: Dies sind die neben den eben genannten die weiterhin am meisten verbreiteten Antennentypen. Auch sie ermöglichen eine sehr gute Reichweite, oft sogar noch höher als die der eben genannten Antennen. Die nochmalige Verbesserung der Reichweite ist auf die steilere Abstrahlung im Vergleich zu den eben genannten Antennenlängen zurückzuführen.

Antennenlänge und Abstrahlung

Die Antennenlänge steht in einem direkten Zusammenhang mit dem Abstrahlverhalten des Antennenstabes bzw. der Funkwellen. Je länger die Antenne ist, desto flacher kann sie abstrahlen. Am besten wird das deutlich, wenn Sie sich die folgenden Abbildungen ansehen, welche die Zusammenhänge zeigen.

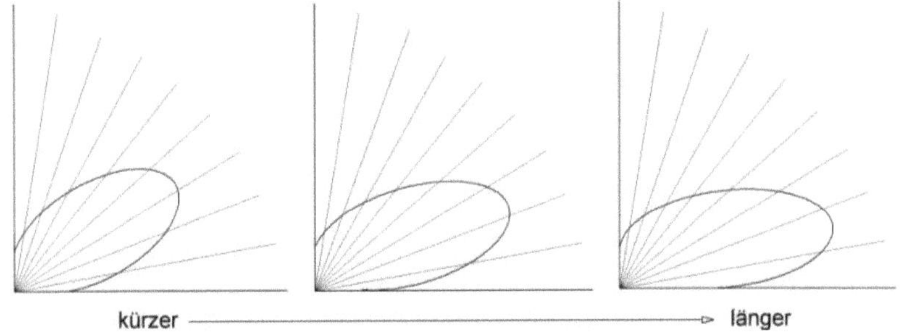

Antennenlänge und Abstrahlung der Funkwellen

Zu sehen sind die Diagramme der Abstrahlleistungen von Antennen mit verschiedenen Antennenlängen. Wie Sie anhand der Diagramme erkennen können, sinkt der Abstrahlwinkel wie schon erwähnt mit steigender Antennenlänge, womit die Eignung der Antenne für

Fernverbindungen erkennbar wird. Um diesen Zusammenhang noch besser zu verdeutlichen, folgt hier eine weitere Skizze.

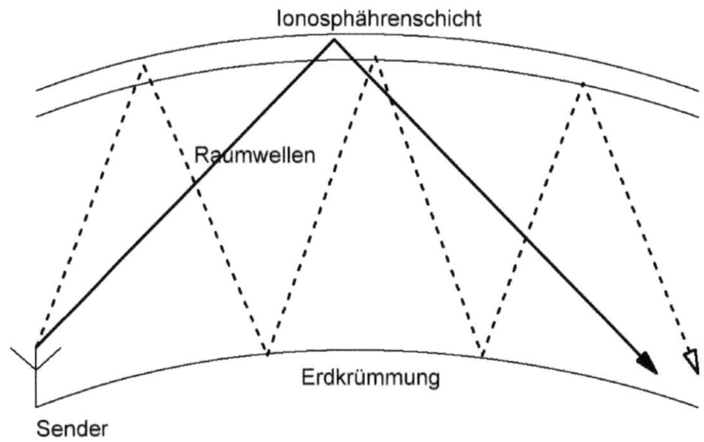

Die Ausbreitung von Raumwellen verschiedener Abstrahlwinkel

Die Skizze zeigt die Auswirkung der verschiedenen Abstrahlwinkel auf die Raumwellenausbreitung im Kurzwellenbereich. Wie Sie erkennen können, sorgt ein steiler Winkel dafür, dass die Funkwellen relativ steil (und damit sehr früh bzw. in relativ geringer Entfernung) in die reflektierende Ionosphäreschicht eintreten und von da aus schließlich wieder reflektiert werden. Sie wissen ja: Einfallwinkel gleich Ausfallwinkel. Ist der Abstrahlwinkel der Antenne geringer, treten die Raumwellen relativ flach in die Ionosphäre ein, also auch in wesentlich größerer Entfernung. Demzufolge erreichen sie die Erdoberfläche ebenfalls in relativ großer Entfernung.

Raumwellen und Bodenwellen

Die Erläuterungen im vorigen Abschnitt beziehen sich auf die Raumwellen, die nicht entlang der Erdkrümmung verlaufen, sondern durch Reflexionen in den Atmosphärenschichten wieder auf die Erde gelangen. Für den CB-Funk besonders wichtig sind die Bodenwellen. Diese werden mehr oder weniger gradlinig von der Antenne abgegeben und breiten sich dann kreisförmig aus. Auf ihren Weg zum Empfänger werden sie durch zahlreiche Objekte beeinflusst. So werden sie unter anderem gedämpft oder reflektiert. Um diese äußeren Einflüsse so gering wie möglich zu halten, wird eine CB-Funkantenne so freiliegend und hoch wie möglich angebracht, sodass im Idealfall eine direkte Verbindung bis hin zur Gegenstation möglich ist. Raumwellen werden im CB-Funk nur unter gewissen Bedingungen genutzt. Eine Signalreflexion in den verschiedenen Atmosphärenschichten ist nur gegeben bei den sogenannten Bandöffnungen. Diese ermöglichen Funkverbindungen mit geringen Sendeleistungen über mehrere hundert Kilometer hinweg. Zum einem großen Teil erfolgen die Verbindungen im CB-Funk also über die Bodenwellen. Zwar folgen auch die Bodenwellen bis zu einer gewissen Entfernung der Erdkrümmung. Allerdings beschränken sich die damit zu erzielenden Reichweiten meist nur auf Werte von einigen zehn Kilometern. Jeder Meter an Höhe sowie eine optimal aufgestellte Antenne machen also etwas aus.

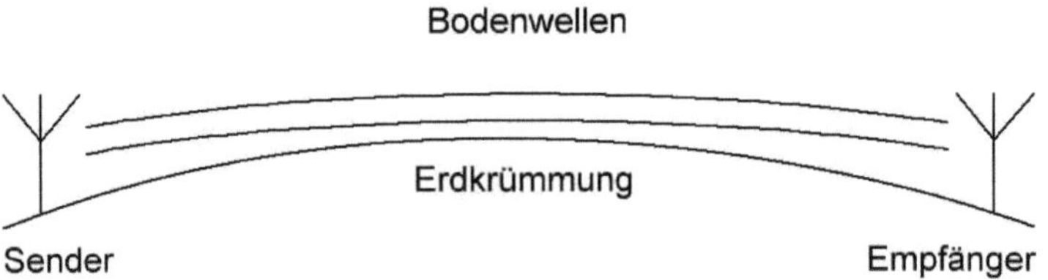

Bodenwellen und deren Ausbreitung

Wegen der (fast) geradlinigen Ausbreitung der Funkwellen suchen mobile CB-Funker häufig hoch und frei gelegene Standorte auf, wenn

Sie DX-Verbindungen zu weiter entfernten Stationen aufbauen
möchten.

Antennen für Mobilstationen mit Verlängerungsspulen

Mobilantennen für den Einsatz am Fahrzeug sind in der Regel
Stabantennen. Aufgrund der Gegebenheiten sind die notwendigen
Strahlerlängen doch etwas begrenzt umsetzbar. Dafür bieten Autos
mit Metallkarosserie eine gute Basis für ein Gegengewicht, was
wiederum für gute Empfangsmöglichkeiten auch unterwegs sorgt,
korrekter Einbau, die korrekte Einstellung der Stehwelle und ein
guter Standort zum Funken auf einer Anhöhe natürlich vorausgesetzt.
Aber auch die Länge der Mobilantennen hängt von der Wellenlänge
ab. Würde man eine Antenne mit $\lambda/4$ Länge verwenden, käme diese
aber immer noch auf 2,75 Meter. Zum Funken während der Fahrt
sind solche Antennenlängen nicht geeignet. Stellen Sie sich vor, Sie
würden mit einer Antenne mit einer solchen Länge mit mehr als 100
km/h unterwegs sein. Übliche Längen für solche Antennen sind etwa
50 bis etwas mehr als 100 Zentimeter. Um Antennen mit solch
geringen Längen einsetzen zu können, werden sie mechanisch
verkürzt. Dies geschieht mithilfe einer Spule, die manchmal in der
Mitte des Antennenstabes, meist aber an dessen unterem Ende
angebracht wurde. Siehe dazu die Abbildung auf der folgenden Seite.

Es handelt sich um eine Magnetfußantenne, die schnell und einfach
am Fahrzeug angebracht und ebenso schnell wieder entfernt werden
kann. Die Verbindung des Antennenstabes samt Spule auf dem Fuß
erfolgt mithilfe einer PL-Steckverbindung, wie diese auch zum
Anschluss einer Antenne an das Funkgerät verwendet wird. Es gibt
auch Antennen mit Schraubbefestigung (DV-Fuß), die sich in der
Neigung einstellen lassen. Meist werden die Antennen wegen der
besseren Abstrahlung aber senkrecht befestigt. Die Einstellung der

Stehwelle erfolgt bei solchen Antennen häufig durch eine Kürzung bzw. Verlängerung des Antennenstabes um wenige Millimeter.

Magnetfuß, Antennenspule mit Gehäuse und unteres Ende einer Mobilantenne

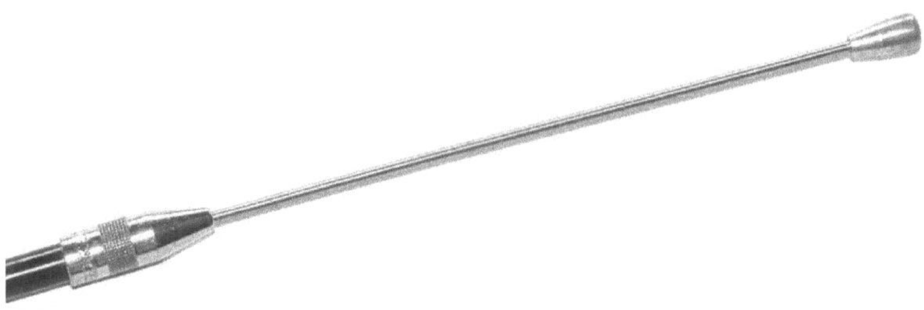

Verschiebbares Stück eines Antennenstabes für die Antennenanpassung

Zur Einstellung der Stehwelle wird eine Madenschraube oder wie in der Abbildung eine Überwurfmutter gelöst, der Stab an seinem

Befestigungspunkt verschoben und nach der Einstellung des SWR-Wertes die Schraube wieder festgedreht.

Antennenverlängerungsspulen (Loading Coils)

Die Anpassung der Antennenlänge an das Frequenzband erfolgt bei den kürzeren Antennen mithilfe von Antennenspulen bzw. Antennenverlängerungsspulen (engl. Loading Coil). Angebracht wird eine solche Spule meist nahe des Antennenfußes (siehe dazu auch die Abbildung der Magnetfußantenne), teilweise auch in der Mitte des Antennenstabes. Je nachdem, wo die Spule angebracht wurde spricht man von base-load (Anbringung nahe am Fuß) oder center-load (Anbringung mittig in der Länge des Antennenstabes). Die verlängernde Wirkung der Spule ist bei gleicher Spuleniduktivität geringer, je höher sie sich an der Antenne befindet. Umgekehrt müsste die Spule bei der Anbringung weiter weg vom Einspeisepunkt eine höhere Induktivität haben, wodurch sie länger, größer und schwerer wird. Doch auch die Anbringung der Spule in der Mitte des Stabes hat einen Vorteil, nämlich den eines besseren Wirkungsgrades der Antenne. Bei der Verwendung von Spulen für Mobilantennen wird aus Gründen der Schwerpunktverlagerung eine Anbringung der Spule nahe am Fuß bevorzugt. Es ist also häufig ein Kompromiss zwischen Wirkungsgrad und günstiger Position der Verlängerungsspule. Wo es nicht darauf ankommt, könnte man die Spule auch weiter oben am Stab anbringen. Allerdings steigt dann wie erwähnt die benötigte Induktivität. Zu weit oben angebracht, müsste die Spule eine sehr hohe Induktivität haben.

Die Spule als Induktivität

Die Spule stellt eine sogenannte Induktivität dar. Es geht hier um die Eigenschaften eines elektrischen Leiters, bei Stromfluss ein magnetisches Feld zu erzeugen. Genau gesagt geht es um das

Verhältnis zwischen magnetischem Fluss und Stromfluss durch den Leiter. Bauteiletechnisch ist die Antennenspule meist eine sogenannte Festinduktivität.

Oft wird mit Lack isolierter Kupferdraht verwendet. Spulen lassen sich auch einfach selbst herstellen. Beim Antennenbau ist die Berechnung und Herstellung solcher Spulen sehr wichtig. Um eine Verlängerungsspule anzufertigen, wird zunächst die benötigte Induktivität berechnet. Das geschieht mithilfe von mehreren Angaben, unter anderem zur Grundfrequenz, mit der die Antenne arbeiten soll. Außerdem wichtig sind Angaben zur gewünschten Antennenlänge, zum Abstand der Spule vom Einspeisepunkt (Antennenfuß) und zum Durchmesser des Antennenstabes. Am einfachsten funktioniert das mit einem Onlinerechner, in dem diese Werte eingegeben werden (zum Beispiel http://www.df7sx.de/rechner-verkuerzte-vertikal-antenne/). Anhand der errechneten Induktivität kann nun eine Spule hergestellt werden, welche die benötigte Induktivität darstellt. Der Induktivitätswert errechnet sich nach der folgenden Formel:

$$L = 1nH \times n^2 \times \frac{D^2}{l}$$

Die Angabe 1nH besagt, dass der Wert durch 1000 geteilt werden muss, um den Wert von Nanohenry (nH) in Mikrohenry (µH) umzurechnen, sodass die Angaben zur Induktivität mit denen der benötigten aus dem Onlinerechner übereinstimmen. Onlinerechner für die Ermittlung der Induktivität einer Luftspule finden Sie übrigens auch im Internet. Beachten Sie aber, dass es sich bei derartigen Berechnungen nur um eine Annäherung zur korrekten Dimensionierung der Spule handeln kann, da die exakte Berechnung noch weitere Angaben benötigt, unter anderem zum verwendeten Material. Soll eine Antenne durch die Spule auf eine geringere Länge gebracht werden, ist ohnehin ein genauer Abgleich der Antenne (SWR einstellen durch Anpassung der Stablänge) notwendig. Die hier gemachten Angaben sollen nur aufzeigen, wie die Berechnung und der Einsatz von solchen Spulen grundsätzlich möglich ist.

Geöffnete Antennenspule einer Magnetfußantenne am Antennenfuß

Die Spule ist als eine Art Zwischenstück ausgeführt und befindet sich zwischen Antennenstab und Antennenfuß. Der Antennenstab wird oben angeschraubt. Als Schutz für die Spule ist ein Gehäuse verbaut, das durch Gummidichtungen zusätzlich abgedichtet wurde, um die Spule beim Außeneinsatz vor den Witterungseinflüssen zu schützen.

Wendelantennen

Eine sogenannte Wendelantenne ist genau genommen ebenfalls eine durch eine Spule gekürzte Antenne. Sie besteht im Gegensatz zur eben erwähnten Antenne mit Spule aber fast nur aus der Spule. Genauer gesagt handelt es sich um eine verkürzte Vertikalantenne mit einer verteilten Induktivität. Auf kurzer Länge gewickelte Spulen strahlen nur sehr schwach elektromagnetische Wellen aus. Wird die Spule auseinandergezogen, ändert sich das. Die Strahlungseigenschaften verbessern sich und sind bei entsprechender Verlängerung der Spule vergleichbar mit denen verkürzter Antennen mit Antennenstäben und separaten Spulen. Sie werden gerne als Fahrzeugantennen eingesetzt. Zum Teil werden auch Antennen mit abwechselnd eng und weit bewickelten Zonen eingesetzt. Antennen mit größeren Abmessungen (unter anderem für den CB-Funk) werden meist mit zusätzlichen Spulen im unteren oder mittleren Bereich versehen. Für andere Anwendungsbereiche wie PMR446 oder Freenet werden sehr gerne Wendelantennen eingesetzt, wie in der folgenden Abbildung zu sehen. Sie lassen sich äußerst kompakt herstellen und ähneln von ihren Strahlungseigenschaften her den Vertikalantennen mit Verlängerungsspule. Dabei werden die Wendelantennen in Teile des Funkgerätegehäuses eingeschoben, um einen ausreichenden Schutz vor äußeren Einflüssen zu gewährleisten. Vor allem kommt es darauf an, dass die Wendelspule nicht verbogen wird, um die Eigenschaften der Antenne nicht zu verändern. Wendelantennen müssen aber nicht

unbedingt aus Luftspulen bestehen wie die in der Abbildung in
tragbaren Funkgeräten gezeigten.

Wendelantenne in einem Handfunkgerät, rechts die Hülle für die Antenne

Sie können auch auf Kunststoffspulenträgern aufgebracht sein,
welche die elektrischen Eigenschaften der Spule nicht beeinflussen
und dabei eine ausreichend hohe Stabilität aufweisen. Häufig werden
diese Antennen mobil eingesetzt, möglicherweise auf dem
Fahrzeugdach, auf dem die äußeren Einflüsse auf die
Strahlungseigenschaften am geringsten sind und auf dem auch eine
relativ große Metallfläche als Gegenpol zur Verfügung steht. Störend
ist sie auf dem Autodach auch nicht, da durch die Wendel eine relativ
kompakte Antenne zur Verfügung steht.

Antennen für Feststationen mit Radialen

Antennen für Feststationen werden meist als $\lambda/2$- oder 5/8-
Ausführungen eingesetzt, da man hier mehr Platz zur Verfügung hat,
außer der Vermieter (bzw. der Hausbesitzer) hat etwas dagegen. Nur

in Einzelfällen werden kürzere Antennen verwendet ($\lambda/4$ in Form von Balkonantennen). Auch hier erfolgt die Einstellung der Stehwelle meist über das Verschieben eines Antennenelementes und der entsprechenden Änderung der Antennenlänge. Die Radiale sind auch bei den Stationsantennen oft nur in gekürzter Form vorhanden. In diesem Fall erfolgt auch hier eine künstliche Verlängerung mithilfe einer im Antennenfuß eingebauten Spule. Wo es die örtlichen Gegebenheiten erlauben, wird aber die Verwendung einer Feststationsantenne mit Radialen in der entsprechenden Länge empfohlen, die ohne Spulen zur künstlichen Verlängerung arbeiten. Diese Antennen erreichen oft einen wesentlich besseren Wirkungsgrad als die Exemplare mit kurzen Radialen. Die Anzahl der Radiale spielt ebenfalls eine Rolle. Durch eine größere Anzahl erreicht man eher die Wirkung einer metallischen Grundfläche, die durch die Radiale ja ersetzt werden soll.

Der Antennenaufbau von Feststationsantennen

Die Montage einer Antenne für die Feststation erfolgt in der Regel auf einem Antennenmast, der möglichst gut befestigt sein muss. Der Antennenmast wiederum wird auf dem Dach, an der Wand oder an anderer geeigneter Stelle montiert, wobei die entsprechenden Sicherheitsaspekte beachtet werden sollten. Dies gilt sowohl für die eigene Sicherheit während der Montage als auch für die ausreichende Befestigung vom Antennenmast an einem geeigneten Objekt. Auch der Installationsort für die Antenne spielt eine erhebliche Rolle. Beachten Sie unbedingt, dass vor der Installation einer solchen Antenne der Vermieter um Erlaubnis gefragt werden muss, wenn Sie zur Miete wohnen. Auch andere rechtliche oder sicherheitstechnisch relevante Gesichtspunkte sollten bedacht werden. So ist eine Installation in unmittelbarer Nähe von Hochspannungsleitungen sowie sonstigen Einrichtungen problematisch. Ein weiterer wichtiger Punkt ist die Anbringung von Blitzschutzeinrichtungen. Bei einem Blitzeinschlag muss die Antenne die Möglichkeit haben, die daraus resultierenden Überspannungen durch eine sachgemäß verbaute Blitzschutzeinrichtung abzuleiten.

> *Informieren Sie sich vor dem Aufbau der Antenne (auf dem Dach) unbedingt, welche Möglichkeiten vor Ort bestehen und sinnvoll sind. Nicht zuletzt sollten Sie beim Aufbau einer Antenne auf dem Dach oder am Balkon immer an die eigene Sicherheit und an die Ihrer Helfer denken, damit die Freude am Funken zuhause nicht schon ein jähes Ende hat, bevor sie überhaupt beginnt.Die Gefahren beim Aufbau einer Funkantenne in gewissen Höhen sind nicht zu unterschätzen. Arbeiten Sie auch auf keinen Fall bei starkem Wind oder gar bei einem Gewitter an einer Antennenanlage, um sich nicht zu gefährden.*

Die Berechnung und die Herstellung hochwertiger Antennen ist ein großes Gebiet. Es gibt umfangreiche Literatur zu diesem Thema. Wer sich mit dem Antennenbau und der Antennentechnik intensiver beschäftigt, kommt früher oder später auf „Rothammels Antennenbuch", das als eine Art Standardwerk zum Thema Antennentechnik bezeichnet werden kann. Möchten Sie aber nur eine oder zwei einfache Antennen für den CB-Funk mit möglichst einfachen Mitteln herstellen, müssen Sie nicht unbedingt so tief in die Materie einsteigen. Es gibt im Internet (und auf gängigen Videoportalen) zahlreiche Infos und Anleitungen zu diesem Thema. Dennoch soll auch dieses Buch nicht ganz ohne Infos zum Thema Antennenbau veröffentlicht werden. Zunächst sollten Sie wissen, wie auf einfache Weise eine Antenne hinsichtlich Länge und Bauweise geplant werden kann. Es geht dabei gar nicht so hochwissenschaftlich zu, dafür gibt es ja die Standardliteratur zu diesem Thema. Doch sollten Sie schon wissen, wie einfache Berechnungen durchgeführt werden. Zunächst soll ein Beispiel folgen.

Dipol-Drahtantenne selber herstellen

Es handelt sich um eine einfach herzustellende und nutzbare Drahtantenne. Drahtantenne heißt, dass ein einfacher Draht als Antenne genutzt wird. Das heißt aber nicht, dass die Antenne deshalb schlecht sein muss. Es soll Ihnen nur zeigen, dass es auch mit einfachen Mitteln funktioniert. Die Antenne besteht aus wenigen Komponenten: dem Strahler, dem Gegenpol und dem Antennenanschluss. Dipolantennen besitzen zwei Strahler und eine Zuleitung bzw. den Antennenanschluss. Dies ist auch eine von zwei Antennen, die hier als Selbstbauantennen vorgestellt werden sollen. Wichtig ist auch bei dieser Antenne die Bemessung der Antennenlänge bzw. Strahlerlänge. Hierzu wird eine Formel wie folgende verwendet:

$$\frac{Lichtgeschwindigkeit\ (km/s)}{Frequenz\ (kHz)} : 4 \cdot Verk\ddot{u}rzungsfaktor$$

Im ersten Teil der Formel wird die Wellenlänge berechnet (Wellenlänge = Lichtgeschwindigkeit / Frequenz, entspricht $\lambda = c/f$). Die Einheiten der Formel zur Berechnung der Wellenlänge ist wie weiter vorne schon erwähnt Kilometer pro Sekunde (km/s) und die Frequenz in Kilohertz (kHz). Die genaue Lichtgeschwindigkeit beträgt 299.792,458 km/s. Der Einfachheit halber können Sie aber auch mit 300.000 km/s rechnen. Bei einer Frequenz von rund 27.000 kHz lässt sich eine Wellenlänge von 11.11 Meter ausrechnen (300.000:27.000). Die Wellenlänge wird durch vier geteilt (entspricht λ /4) und mit dem sogenannten Verkürzungsfaktor multipliziert. Der Verkürzungsfaktor bezeichnet dabei einen kabelspezifischen Wert. Es handelt sich um

das Verhältnis von der Lichtgeschwindigkeit zur
Ausbreitungsgeschwindigkeit von Signalen in Leitungen.

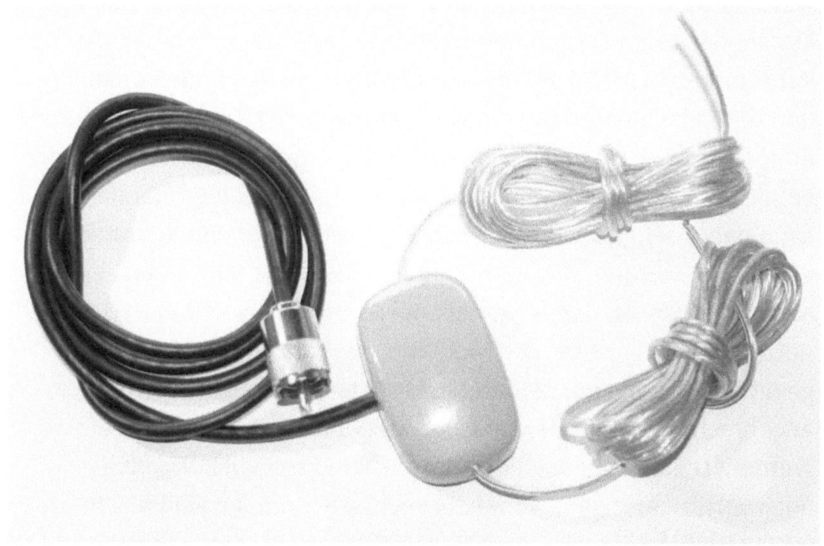

Einfache selbst hergestellte Dipolantenne mit Anschlusskabel

Die elektromagnetischen Wellen breiten sich bekanntermaßen mit
Lichtgeschwindigkeit aus. Zumindest gilt das in einem Vakuum. In der
Luft ist sie etwas geringer. Werden die Signale durch Koaxialkabel
übertragen, verringert sich diese Geschwindigkeit weiter. Dieser
Faktor spielt bei der Berechnung der Strahlerlänge eine gewisse
Rolle, weshalb er hier mit einfließt. In diesem Fall wurde er mit 0,95
berücksichtigt. Am Ende der Berechnung ergibt sich eine
Strahlerlänge von 2,638625 Metern, also rund 2,64 Meter. Die Länge
gilt für jeweils einen der beiden Strahler. Der Vorteil der Antenne ist
deren einfache Herstellung und Kompaktheit. Sie kann gut unterwegs
genutzt werden und passt zusammengerollt problemlos in die
(Jacken-) Tasche.

Die Lautsprecherkabel (oder andere verwendete Kabel mit Querschnitt 0,75 bis 1,5 mm²) sollten zunächst etwas länger gelassen werden, um eine Anpassung zur Einstellung der Stehwelle duch Kürzen der Kabel vornehmen zu können. Am besten werden die Kabel auf etwa 2,75-2,80 m abgeschnitten, an den Enden umgelegt und mit Kabelbindern oder Isolierband befestigt. Das auf diese Weise doppelte Kabel durch die Schlaufe zählt für die Antennenlänge trotz doppeltem Vorhandensein nur einfach. Der doppelt vorhandene Teil kann daher sehr gut als eine „Reserve" zur Einstellung der Antenne verwendet werden. Diese Antenne lässt sich mit sehr einfachen Mitteln herstellen und ist vor allem kostengünstig und einfach nutzbar. Wichtig ist bei der Montage, dass die Strahler in einem gewissen Abstand von anderen Gegenständen möglichst frei angebracht und mithilfe von Isolatoren und Abspannseilen befestigt werden. Die Befestigung der Antenne kann sowohl horizontal als auch vertikal erfolgen, wobei die vertikale Montage Sinn macht, da im CB-Funk die Signale in der Regel über vertikal ausgerichtete Antennen ausgestrahlt und empfangen werden. Bei der vertikalen Montage sollten Sie darauf achten, dass der mit dem Innenleiter des Kabels verbundene Strahler nach oben zeigt. Am besten verwenden Sie wie verschiedene Kabelfarben oder Leitungen mit einer Farbmarkierung auf einem der beiden Kabel (wie bei einem Lautsprecherkabel). Als Gehäuse für die Verdrahtung können Sie eine kleine Schachtel oder ähnliches verwenden. Die Antenne im Bild wurde in einer nicht mehr benötigten Pillendose verdrahtet.

Double-Leg-Antenne mit einfachen Mitteln

Ein zweites Beispiel zeigt eine sogenannte Double-Leg-Antenne, oft auch als „Schweißfuß-Antenne„ bezeichnet. Sie wird ebenfalls aus einfachen Kabeln (Litzen) hergestellt, hat aber einen Strahler und zwei Gegenstücke (Legs, daher der Name). Die Strahlerlänge beträgt hier 2,40 m, die der beiden Gegenstücke jeweils 2,60 m. Der Strahler wird mit dem Innenleiter des Antennenkabels verbunden, die beiden Gegenstücke mit der Abschirmung. Auch hier gilt, dass die zur Befestigung und Einstellung der Antenne die Kabel lieber einige Zentimeter länger gelassen werden sollten. Die beiden unteren Enden (Legs) können so umgeschlagen und mit Isolatoren versehen werden, dass sie eine Länge von ca. 2,60 m haben. Den Strahler legen Sie ebenfalls zu einer Schlaufe um und machen ihn in der Länge einstellbar, sodass Sie die Stehwelle problemlos anpassen können. Verwenden Sie auch hier wieder Isolatoren, damit die Antennendrähte nirgends direkt angebracht werden müssen. Die Abbildung zeigt den „Aufbau" und die Verdrahtung der Antenne in einem Kunststoffei. In der Abbildung wurde eine PL-Buchse in das Ei eingesetzt. Sie stammt aus einem alten Funkgerät. Alternativ kann aber auch das Koaxkabel direkt in das Ei gehen und am anderen Ende mit einem PL-Stecker versehen werden. Sie können das so aufbauen, wie es am besten passt. Um das Innenleben zu befestigen, wurde das Ei mit Heißkleber ausgefüllt (hier ist Vorsicht wegen der Hitze angebracht). Ob Sie das Antennenkabel mit den Leitungen verlöten oder eine Lüsterklemme verwenden, bleibt Ihnen überlassen.

Noch ein Hinweis zum Aufbau und zur Verdrahtung der Antenne: Einige Abschirmungen in den Koaxialkabeln lassen sich auch nicht ohne Weiteres verlöten. Das gilt besonders bei der Verwendung sehr preisgünstiger Koaxialkabel als Antennenkabel. Können die Abschirmungen nicht verlötet werden, verwenden Sie stattdessen Lüsterklemmen oder andere Verbinder. Vergessen Sie dabei aber nicht, jede Antenne sehr sorgfältig aufzubauen und sie auf Kurzschlüsss zwischen dem Innenleiter und der Abschirmung zu überprüfen, bevor Sie die Antenne anschließen und verwenden.

Dreipolige Drahtantenne mit Kunststoffei als Antennengehäuse

Auch diese Antenne lässt sich zusammenrollen und bequen in der Jackentasche mitführen, das Antennenkabel hier sogar abnehmen.

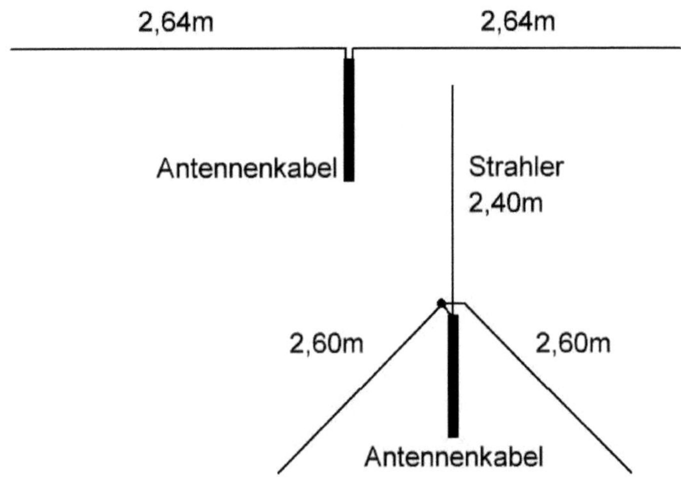

Dipolantenne (oben) und Double-Leg-Antenne (rechts unten)

Antennenkabel und Antenneneinstellung

Das Antennenkabel wird meist recht stiefmütterlich behandelt. Dabei hat es eine wichtige Aufgabe. Immerhin sorgt es dafür, dass die Signale möglichst verlustarm vom Funkgerät zur Antenne oder in die umgekehrte Richtung gelangen können. Einfache Lautsprecherkabel oder Stromkabel sind dafür denkbar ungeeignet. Die vom Sender erzeugten Signale müssen über ein abgeschirmtes Kabel geleitet werden. Man spricht auch von Koaxialkabeln, bei denen der Innenleiter (der die Signale überträgt) von einem Isolator und dieser von einer Abschirmung aus einem Drahtgeflecht umgeben ist, ehe schließlich die Außenisolierung folgt.

Die Bezeichnung Koaxialkabel entstand wegen des konzentrischen Aufbaus der Kabel mit einem Innenleiter, der in einem gleichbleibenden Abstand von einem Außenleiter (auch Abschirmung) umgeben ist. Die Isolierung für den Innenleiter besteht aus einem sogenannten Dielektrikum. Als Dielektrikum werden schwach- oder nichtleitende Stoffe bezeichnet, zwischen denen während ihrer Anwendung ein elektrisches Feld besteht. Kondensatoren zum Beispiel enthalten ebenfalls ein Dielektrikum zwischen den beiden Elektroden. Die Abschirmung aus einem Drahtgeflecht kann zusätzlich mit einer Folie versehen sein.

Für Funkanwendungen wie CB sind Koaxialkabel mit Bezeichnungen wie RG58 oder RG213 gängig. Beide Sorten weisen eine Impedanz von 50 Ohm auf, die auch der von Funkgerät und Antenne entspricht.

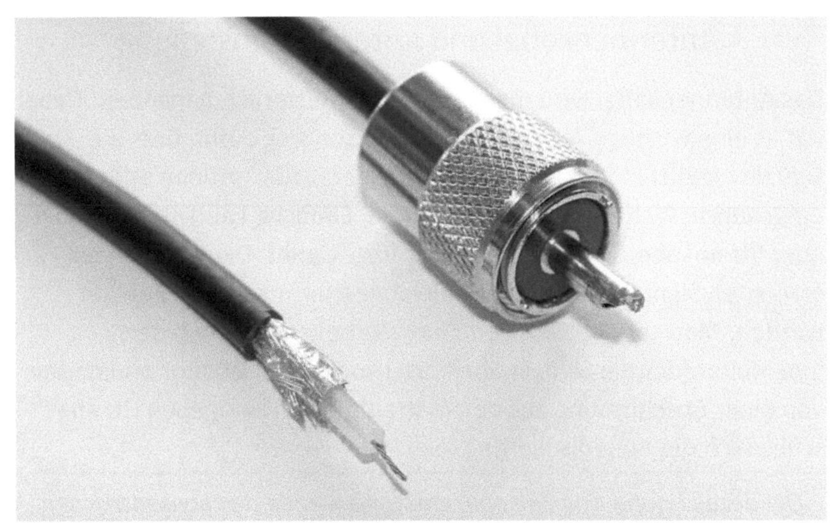

Antennenkabel RG58 mit angelötetem Antennenstecker

Andere Koaxialkabel wie solche für TV-Antennenanlagen mit einer Impedanz von 75 Ohm sind nicht geeignet. Doch nicht nur die Impedanz ist wichtig beim Einsatz der Antennenkabel für den CB-Funk. Auch der sogenannte Dämpfungsfaktor ist von großer Bedeutung für den Einsatz der Kabel, vor allem bei höheren Kabellängen. Dieser Dämpfungsfaktor hängt ab von der Betriebsfrequenz (hier 27 MHz), von der Art des Isolierstoffes zwischen den Leitern und von der Stärke der leitenden Materialien.

Üblicherweise werden Kabel eingesetzt, die eine sehr geringe Dämpfung aufweisen. Beim mobilen Einsatz im Fahrzeug ist die Kabellänge meist vernachlässigbar, wenn diese nur wenige Meter beträgt. Werden dagegen längere Leitungen eingesetzt wie bei der Verlegung der Antennenkabel vom Funkgerät zum Dach, kann die Dämpfung schon einen Unterschied ausmachen. Alternativ zum RG58-Kabel mit einem Durchmesser von fünf Millimetern kommt auch das mit einem Durchmesser von etwas mehr als zehn

Millimetern etwa doppelt so starke RG213 infrage. Dieses Kabel weist
je nach Qualität eine deutlich geringere Dämpfung auf und wird bei
der Verlegung über längere Strecken bevorzugt eingesetzt. Ist dies
aufgrund der räumlichen Gegebenheiten bei der Verlegung der
Antennenkabel notwendig, empfiehlt sich ein direkter Vergleich der
Dämpfungswerte beider Kabelsorten auf die gewünschte Länge
bezogen. Im Handel sind zudem noch spezielle Kabelsorten für den
Bereich 50 Ohm erhältlich, die noch geringere Dämpfungswerte
versprechen. In der Tabelle finden Sie ein paar Daten gängiger
Antennenkabel bezogen auf 28 MHz und 100 Meter Kabellänge.

bei 28MHz auf 100m	RG58	RG213	Aircell 7	H2000flex	HIGHFLEXX7
Außen-Durchm.	5,0mm	10,3mm	7,3mm	10,3mm	7,3mm
Leiter Innen	CU-Litze verzinnt	CU-Litze	CU-Litze	CU massiv	CU-Litze
Leiter außen	CU verzinnt	CU	CU	CU	CU
Dämpfung	8,4dB	3,0dB	3,7dB	2,0dB	3,0dB

Bei extrem langen Kabeln empfiehlt sich auch hier ein Vergleich
zwischen den verschiedenen Angeboten der Händler, um das
bestmögliche Ergebnis auch bei längeren Antennenkabeln
herauszuholen. Natürlich spielt auch der Preis pro Meter eine nicht
unerhebliche Rolle. Je nach der verwendeten Kabelart gibt es hier
zum Teil erhebliche Preisunterschiede von deutlich unter einem Euro
pro Meter bis zu mehreren Euro Kabelpreis pro Meter. Unter
Umständen können bei der Dämpfung mehrere Dezibel Unterschied
bestehen (je nach Kabellänge), sodass sich die Auswahl des
wesentlich stärkeren Kabels deutlich bemerkbar machen wird.
Allerdings sollte auch beachtet werden, dass eine Verlegung
wesentlich stärkerer Antennenkabel Probleme anderer Art

verursachen kann. So lassen sich die Kabel oft nicht unauffällig hinter Möbeln oder in vorhandenen Kabelkanälen verlegen. Beachten Sie, dass es je nach Hersteller und Qualität Unterschiede bei den angegebenen Werten geben kann. Dies sind nur zur Orientierung angegebene Werte, um einen ersten Überblick zu erhalten.

Bei der Verlegung des Antennenkabels sollten nur so wenig Steckverbindungen wie möglich eingesetzt werden. Im Idealfall wird das Kabel von der Antenne bis zum Funkgerät am Stück verlegt. Mindestens ebenso wichtig wie die Auswahl des Antennenkabels und dessen Verlegung spielt der korrekte Anschluss der Antennenstecker. Diese werden in der Regel angelötet, wobei nach der Steckermontage unbedingt das Kabel auf Kurzschluss und Durchgang überprüft werden sollte. Diese Überprüfung kann mit einem einfachen Durchgangsprüfer (Multimeter) erfolgen, wobei das Kabel bei nicht angeschlossener Antenne zunächst auf Kurzschluss überprüft wird, anschließend kann eine Messung des Widerstandes bei auf einer Seite kurzgeschlossenem Stecker erfolgen, um festzustellen, ob das Kabel Durchgang hat. Diese Vorgehensweise empfiehlt sich vor allem bei im Haus verlegten Antennenkabeln, bei denen nicht beide Enden des Kabels gleichzeitig erreichbar sind.

Die Kabelimpedanz

Antennenkabel für den CB-Funk (und für viele andere Funkanwendungen) haben bekanntermaßen eine Impedanz von 50 Ohm. Aber warum gerade 50 Ohm und warum haben Antennenkabel für Fernsehantennen oder Satellitenantennen 75 Ohm und können hier nicht verwendet werden? Dazu sollen an dieser Stelle ein paar Erläuterungen folgen. Die Impedanz des Antennenkabels ist ein komplexerer Wert als der ohmsche Widerstand, der sich mit einem einfachen Multimeter messen lässt und der beim Antennenkabel wesentlich geringer sein sollte als 50 Ohm. Diese Kabelimpedanz wird bei Koaxialkabeln angegeben, die eine gewisse Kapazität und eine Induktivität haben. Die Kapazität der Kabel entsteht durch die parallel und im gleichen Abstand verlaufenden Innen- und Außenleiter, die durch ein Dieletrikum (wie Polyethylen, kurz PE) voneinender getrennt sind. Schließt man das Antennenkabel auf einer Seite kurz, verbindet also Innen- und Außenleiter, so lässt sich sogar eine geringe Induktivität messen. Die Werte (meist nur die Kapazität)warden von einigen Kabelherstellern in den technischen Spezifikationen angegeben. Dazu ein Beispiel: Das Kabel hat eine Kapazität von 100 Pikofarad (pF) pro Meter, die Induktivität beträgt 0,25 Mikrohenry (µH) pro Meter. Die Formel zum Errechnen der Impedanz lautet:

$$Z\ (Impedanz) = \sqrt{\frac{L\ (Induktivität)}{C\ (Kapazität)}} \text{ entspricht } Z = \sqrt{\frac{250\ nH}{0,1\ nF}}$$

Die Einheiten für die Induktivität und die Kapazität wurden hier bereits auf die gleiche Einheit (**Nano**henry und **Nano**farad) umgerechnet. Das Ergebnis beträgt 50 Ohm. In der Praxis ergeben sich meist geringfügige Abweichungen von den Induktivitäts- und Kapazitätswerten, sodass auch die Kabelimpedanz etwas vom Nennwert abweicht. Die Induktivität und Kapazität lassen sich auch mit einem LCR-Meter messen, wenn sie nicht im Datenblatt stehen oder dieses nicht vorhanden ist.

Gründe für verschiedene Impedanzwerte

Die Wahl unterschiedlicher Impedanzwerte für Antennenkabel hat mehrere Gründe. Es geht dabei um die Dämpfung und die Übertragung von Sendeleistung, genauer gesagt um die Verluste bei der Übertragung der Sendeleistung zur Antenne. Kabel mit einer

Impedanz von 75 Ohm werden für Empfangsanlagen (Rundfunk, Fernsehen) verwendet, da sie die geringste Dämpfung (Abschwächung der empfangenen Hochfrequenzsignale über große Kabellängen) aufweisen. Für die Übertragung von Sendeenergie bei Sendeanlagen oder kombinierten Sende- und Empfangsanlagen (Funk) sind sie weniger geeignet, hier wären Kabel mit einer Impedanz von etwa 30 Ohm besser. Die 50 Ohm sind ein Kompromiss aus geringer Dämpfung und der Eignung der Kabel zur Übertragung von einer gewissen Sendeleistung zur Antenne. Dazu eine kurze Erklärung: Bei der Übertragung von Antennensignalen von oder zur Antenne stehen drei Ziele im Vordergrund:

- Verluste möglichst gering halten: Die bei der Übertragung der Signale auftretenden Verluste hängen unter anderem von den Dämpfungseigenschaften des Dielektrikums ab. Am geringsten sind die Dämpfungen bei ca. 77 Ohm.
- Spannungsfestigkeit der Koaxkabel: Gerade Kabel für Sendeanlagen müssen zum Teil hohe Spannungsspitzen vertragen können. Das gilt im verstärkten Maße für große Sendeanlagen.
- Beste Leistungsübertragung: Begrenzungen entstehen durch die Durchschlagfestigkeit und die Impedanz der Antennenkabel. Die Leistungsübertragung ist bei etwa 30 Ohm am höchsten.

Die 50 Ohm stellen also einen Mittelwert dar. Zurückverfolgen lassen sich die Ursprünge der 50-Ohm-Impedanz auf die Anwendungen bei den Rundfunksendern, bei denen es um die Abstrahlung von Leistungen im Kilowattbereich geht. Gerade diese Anwendung fordert den Übertragungsleitungen einiges ab, schließlich müssen diese für eine hohe Leistungsübertragung optimiert sein, dabei aber auf höchste Spannungen und geringste Dämpfung ausgelegt sein.

Die Stehwellen-Messbrücke

Nach dem Aufbau der Antenne und Verlegung des Antennenkabels muss noch eine Einstellung der Stehwelle erfolgen, wie diese bereits mehrfach erwähnt wurde. Die Einstellung der Stehwelle erfolgt mithilfe einer speziellen Messbrücke, bei der eine Spannung sowohl am Eingang als auch am Ausgang gemessen wird. Auf diese Weise lässt sich ein direkter Vergleich zwischen der Eingangs- und Ausgangsspannung ziehen. Mithilfe eines Umschalters kann zwischen den beiden Enden der Messbrücke umgeschaltet werden. In der Abbildung sehen Sie das Innere eines Stehwellenmessgerätes.

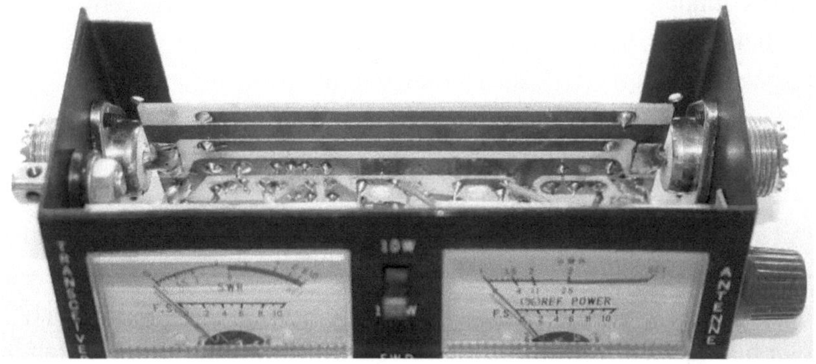

Messbrücke auf der Platine in einem Stehwellenmessgerät

Die Messstrecke auf der Platine ist in der Abbildung deutlich zu sehen. Die Messung der Gleichspannung erfolgt über eine Gleichrichterdiode jeweils an einem Ende der Messbrücke. Bei der Stehwellenmessung wird das Gerät zunächst geeicht (kompletter Ausschlag des Messinstrumentes bis zur Markierung mit der Bezeichnung „SET"), anschließend wird auf das andere Ende der Messbrücke umgeschaltet und die Vergleichsspannung gemessen, die durch zurücklaufende (reflektierte) HF-Leistung entsteht. Diese Spannung sollte möglichst gering sein. Je weniger das

Messinstrument also während der Messung ausschlägt, desto besser das Ergebnis. Der maximal zulässige Wert bzw. dessen Überschreiten ist meistens durch eine entsprechende Farbmarkierung auf der Skala des Messgerätes gekennzeichnet. In der Praxis haben sich Werte von weniger als SWR 2 als günstig erwiesen. Aber je geringer der Wert ist, desto besser die Antennenabstimmung.

Fernverbindungen und das Funkwetter

Die Reichweite hängt von mehreren Faktoren ab. Zum einen großen Anteil sind es die Gegebenheiten vor Ort (Lage der Funkstation im Tal, auf dem Berg, Aufbaumöglichkeiten Eigenheim und Mietwohnung usw.). Wichtig sind aber auch die angestrebten Verbindungen. Sollen es überwiegend lokale QSOs oder Fernverbindungen (DX) sein? Wenn vor allem mit Freunden und Bekannten gefunkt werden soll, können Einflüsse durch Fernverbindungen schon störend sein. Bei den entsprechenden athmosphärischen Bedingungen sind nicht nur auf einer Feststation mit guter Antenne zahlreiche ausländische Stationen zu hören. Oft ist bei bestimmten atmosphärischen und kosmischen Bedingungen das Band geradezu voll von Stationen aus anderen Ländern. Man spricht hier häufig auch vom Funkwetter, welches das Ausbreitungsverhalten der Funkwellen zu bestimmten athmosphärischen Bedingungen beschreibt. Meist handelt es sich um einen kurzfristigen Zustand, der sich massiv auf die Aktivitäten auf dem CB-Funkband auswirkt. Ähnlich wie beim Wetter handelt es sich um Bedingungen, die an einem bestimmten Ort zu einer bestimmten Zeit gelten. Die Ausbreitungsbedingungen auf Kurzwelle, zu der das 27-MHz-Band gehört, sind aber auch stark abhängig von der Sonnenaktivität und der Tages- und Jahreszeit. Genau gesagt handelt es sich um die Reflexionseigenschaften der oberen Luftschichten in der Ionosphäre, die durch verschiedene Aktivitäten wie dem Sonnenwind beeinflusst werden. Es sind elektrisch geladene Elementarteilchen, die in die Ionosphäre der Erde gelangen und dort die Ausbreitungsbedingungen und Reflektionseigenschaften der Kurzwellen beeinflussen. Die Stärke dieses sogenannten Sonnenwindes ist unter anderem abhängig vom Sonnenfleckenzyklus. Dieser hat einen Periodenlänge von etwa 11 Jahren, wobei die Dauer zwischen 9 und 14 Jahren variieren kann. In diesem Zyklus steigt die Aktivität in den ersten drei Jahren auf einen Maximalwert an, um dann langsam wieder abzufallen. Der 24. Zyklus mit Zunahme der Aktivitäten in den Jahren 2011 und 2012 galt als eher moderat. Seit Ende des Jahres 2019 haben die Sonnenaktivitäten im Rahmen des 25. Zyklus aber wieder stark zugenommen. Damit begann auch die Anzahl der Bandöffnungen anzusteigen, die Fernverbindungen zu ausländischen Stationen sind dadurch ebenfalls sehr stark gestiegen, zumindest deren Empfang. Stimmen die atmosphärischen Bedingungen, können auf Kurzwelle sehr große Entfernungen auch mit relativ geringeren Sendeleistungen überbrückt werden.

So interessant die Auswirkungen der Erdatmosphäre auf den Funk sein können, so störend sind sie manchmal. Gerade dann, wenn Verbindungen zu etwas weiter entfernten Stationen im Umkreis von 20 Kilometern oder mehr hergestellt werden sollen, sind diese athmosphärischen Einflüsse eher lästig und können die Kommunikation empfindlich stören. Sprachverbindungen zu den ausländischen Stationen sind unter solchen Bedingungen oft auch gar nicht mehr möglich, nicht zuletzt wegen der Sprachbarrieren und der Tatsache, dass viele ausländische Stationen mit wesentlich höheren Leistungen fahren, als diese in Deutschland genutzt werden dürfen. Häufig sind auch nur Sprachfragmente oder sonstige Geräusche auf dem Band zu hören, die auch ohne Sprachbarriere schon unverständlich sind. Aktuelle Informationen zum Funkwetter sind auf der folgenden Webseite zu finden: https://www.fading.de/funkwetter/das-aktuelle-funkwetter

Kapitel 6: Mikrofone und weiteres Zubehör

Hier geht es ums Zubehör für den CB-Funk, ein ebenso breites wie wichtiges Gebiet. Schließlich macht mit dem richtigen Zubehör das Funken erst richtig Freude. Es sind vor allem die Mikrofone, denen eine wichtige Funktion zukommt, denn sie übertragen die Sprache zum Funkgerät und damit zum Gesprächspartner. Das richtige Mikro sorgt in Verbindung mit dem Funkgerät für eine ordentliche Modulation, bei der Ihre Sprache kräftig und deutlich übertragen wird, zumindest im Idealfall. Dabei muss es noch nicht einmal ein Verstärkermikrofon sein, doch dazu später in diesem Kapitel noch mehr. Natürlich gibt es noch anderes Zubehör, um das es hier ebenso gehen soll. Dazu gehören Netzteile für Feststationen, externe Lautsprecher, Antennenumschalter und einiges mehr. Einige der Zubehörteile sind vor allem für die Funker interessant, die sich zuhause eine gut ausgestattete Station aufbauen und diese nutzen möchten.

Mikrofone verschiedener Art

Der Markt stellt für den ambitionierten CB-Funker einiges an Zubehör bereit. Dazu gehören Mikrofone verschiedener Art wie Standmikrofone und Handmikrofone mit mehr oder weniger nützlichen Ausstattungsmerkmalen. Doch zunächst soll es um die Grundlagen der Mikofone gehen. Welche Arten gibt es und wie funktionieren diese? Mikrofone wandeln bekanntermaßen Schallwellen (in diesem Fall die Stimme) in elektrische Signale um. Das kann durch Mikofone verschiedener Bauformen geschehen. Die (nicht nur beim Funk) am häufigsten eingesetzten Mikrofone sind dynamische Mikrofone und Elektret-Kondensatormikrofone. In der Abbildung sehen Sie bereits einen wesentlichen Unterschied zwischen beiden Bauarten: die Größe. Auch wenn sich dynamische Mikrofone kleiner herstellen lassen wie das gezeigte Exemplar, sind sie häufig größer als Elektret-Kondensatormikrofone. Die Elektret-Kondensatormikrofone können sehr gut in Geräten eingesetzt werden, wo es auf geringen Platzbedarf ankommt wie in Handys oder Headsets, aber auch in tragbaren Mobilfunkgeräten (Handfunken). Sie bieten wie die dynamischen Mikrofone eine sehr gute Klangqualität. Unterschiede gibt es aber nicht nur in Größe und Aussehen, sondern auch bei der Funktionsweise.

Dynamisches Mikrofon (links) und zwei Elektret-Kondensatormikrofone (rechts)

Dynamische Mikrofone arbeiten mit der elektromagnetischen Induktion, bei der die Bewegungen der durch die Schallwellen in Schwingung gebrachten Membran mithilfe einer Spule und einen Permanentmagneten in elektrische Ströme umgewandelt werden. In der Abbildung links sehen Sie diese Membran (hier ist sie durchsichtig). An dieser Membran wurde eine Spule angebracht, die sich im magnetischen Feld eines Permanentmagneten bewegt. In der

Spule werden durch die Bewegungen elektrische Spannungssignale erzeugt.

Das Elektret-Kondensatormikrofon (oft auch nur als Elektretmikrofon bezeichnet) arbeitet anders. In ihm befinden sich zwei Elektroden, von denen eine durch eine kleine Öffnung im Gehäuse des Mikrofons durch den aufgenommenen Schall in Schwingungen versetzt wird. Durch diese Schwingungen kommt eine Kapazitätsänderung zwischen diesen beiden Elektroden (dies sind die Kondensatorplatten) zustande. Ihren Namen erhielten die Elektret-Kondensatormikrofone durch eine Elektretfolie mit einer statischen Polarisierung. Es handelt sich um ein spezielles Isoliermaterial, dessen Moleküle so ausgerichtet sind, dass in der unmittelbaren Umgebung ein elektrisches Feld besteht. Vom prinzipiellen Aufbau her ähneln diese Mikrofone den klassischen Kondensatormikrofonen, benötigen allerdings im Gegensatz zu den Kondensatormikrofonen keine höhere externe Spannung, die bei den klassischen Varianten bei immerhin 48 Volt liegt. Trotzdem benötigen auch die Elektretmikrofone zum Betrieb eine gewisse elektrische Spannungsversorgung, die in der Regel mithilfe einer sogenannten Phantomspeisung erfolgt. Die Spannungsversorgung wird also über die gleiche Leitung eingespeist, über die auch die Audiosignale weitergeleitet werden. Benötigt wird diese Spannungsversorgung wegen des Funktionsprinzips dieser Mikrofone. Außerdem enthalten die meisten Elektret-Kondensatormikrofone bereits eine eingebaute Verstärkerstufe, die ebenfalls mit einer externen Spannung gespeist werden muss. Elektretmikrofone werden in sehr großen Stückzahlen hergestellt und sind daher äußerst preiswert und robust. Sie kommen daher heute überall dort zum Einsatz, wo Audiosignale aufgenommen werden müssen wie in modernen Telefonen, in Geräten zur Audioaufzeichnung oder in Funkgeräten. Es gibt aber auch mittlerweile hochwertige Studiomikrofone, die nach diesem Prinzip arbeiten.

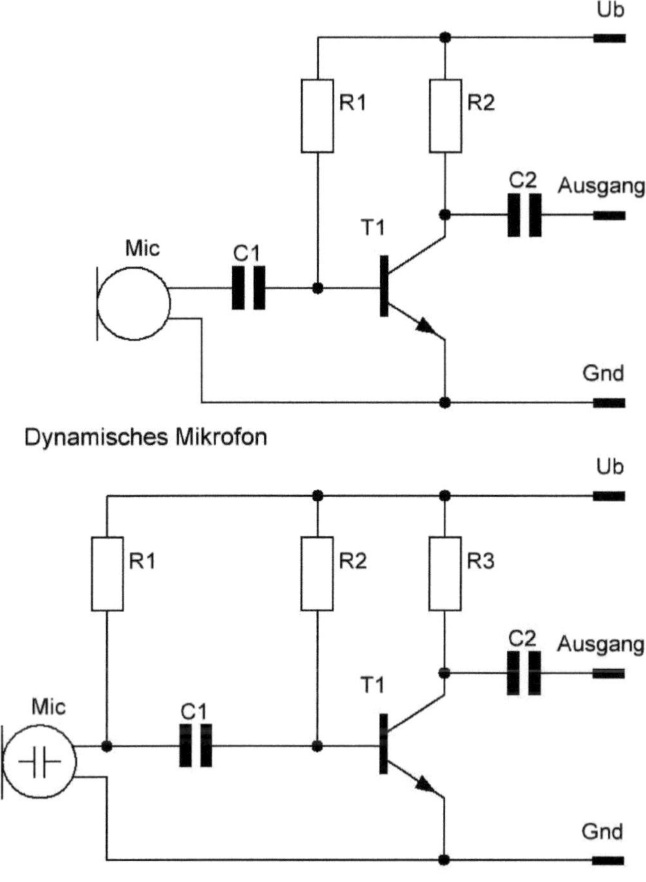

Schaltung von dynamischem Mikrofon und Elektret-Kondensatormikrofon

Da die Funktionsweise der Mikrofone sich unterscheidet, gibt es auch Unterschiede in der Handhabung. Das dynamische Mikrofon erzeugt Wechselspannungen, die sich direkt verstärken lassen. Beim Elektret-

Kondensatormikrofon muss eine Phantomspeisung für die Betriebsspannung erfolgen, die Audiosignale werden über die gleiche Leitung ausgekoppelt. Die Skizzen machen die Unterschiede in der Schaltung beider Mikrofonarten deutlich.

Ein großes Thema beim CB-Funk die Verstärkermikrofone. Sie sollen die aufgenommene Stimme schon einmal auf einen gewissen Level bringen, noch bevor die Signale ins Funkgerät gelangen. Dafür sorgt eine kleine Verstärkerschaltung, die entweder direkt im Handmikro oder im Fuß eines Standmikrofons eingebaut ist und meist mithilfe einer separaten Batterie mit Strom gespeist wird. Oft sind noch andere Funktionen in diesen Verstärkermikrofonen enthalten. Viele dieser Mikrofone enthalten Schaltungen, die ein künstliches Echo erzeugen, um bei DX-Verbindungen der eigenen Stimme noch eine zusätzliche Durchdringlichkeit über das CB-Funkband zu verleihen. Inwieweit diese Zusatzfunktionen sinnvoll sind, ist Geschmackssache. In Maßen verwendet, kann die Echofunktion bei DX-Verbindungen sinnvoll sein.

> *Bei den Echo- und Verstärkermikrofonen gilt: viel ist oft zuviel. Wenn die eigene Stimme mit einem zu starken Echo versehen wird (in etwa so: „... ist jemand QRVau..vau..vau..vau..."), empfinden das einige der anderen Funker möglicherweise doch mehr als störend. Ähnlich verhält es sich bei den Verstärkermikrofonen. Wird der Verstärkungsfaktor zu weit aufgedreht, verzerrt die eigene Stimme sehr schnell und wird dadurch unverständlich. Es klingt dann oft so, als würde jemand sein Mikrofon aufessen wollen. Am besten sollte man sich beim Austesten solcher Funktionen Rückmeldung (Rapport) geben lassen, inwieweit die Modulation verständlicher bzw. kräftiger wird und wann es schon zuviel ist.*

Verstärkermikrofon mit Schieberegler für den Verstärkungsfaktor

Anschlüsse und Anschlussbelegungen an Mikrofonen

Mikrofone mit Zusatzfunktionen wie Echo oder Verstärker (oft auch kombiniert) werden oft im Zubehörhandel angeboten und müssen gegebenenfalls an das jeweilige Funkgerät angepasst werden, womit schon das nächste Thema ansteht: der Anschlussstecker. Es gibt einige gängige Arten von Anschlüssen für extrerne Mikrofone mit meist vier bis sechs, teilweise aber auch mit mehr Anschlusspins. Diese haben untereinander zum Teil sogar unterschiedliche Anschlussbelegungen, was die Sache auch nicht gerade einfacher macht. Das ist Grund genug, sich einmal näher mit diesen Anschlüssen zu befassen. In den beiden folgenden Abbildungen sehen Sie einige der gängisten Steckverbinder, wie diese für den CB-Funk eingesetzt werden. Es gibt natürlich noch mehr Arten von Mikrofonsteckern und -buchsen. Allerdings steigt deren Anzahl mit der Markteinführung neuer Geräte, sodass hier nur eine bescheidene

Anzahl gängiger Ausführungen gezeigt werden kann. Oft eingesetzt werden DIN-Steckverbinder mit unterschiedlichen Anzahlen von Anschlüssen. Vielleicht kennen Sie diese Arten von Steckerverbindungen noch von älteren Audiogeräten, bei denen sie meist als drei- oder fünfpolige Ausführungen verwendet wurden. Ebenfalls oft eingesetzt werden Stecker und Buchsen mit zusätzlicher Schraubbefestigung, oft auch Japan-Stecker genannt. Die Schraubverbindung soll ein versehentliches Lösen der Steckverbindung verhindern. Außerdem sind diese Stecker wegen ihrer Metallgehäuse sehr robust.

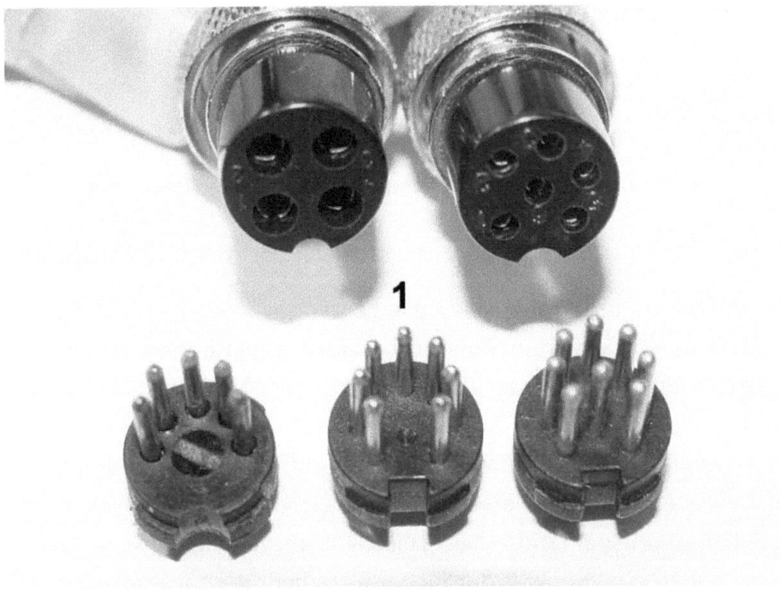

Einige gängige Mikrofon-Steckverbinder (Japan oben und DIN unten)

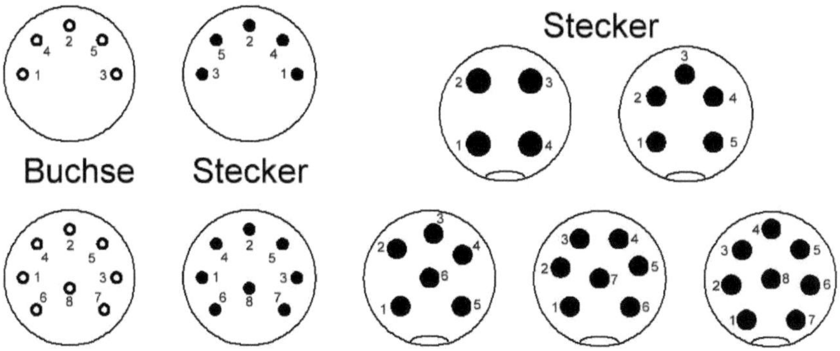

Gängige DIN-Stecker und Buchsen sowie Japan-Steckverbinder

Wie schon angedeutet, unterscheiden sich die Belegungen der Steckverbinder, was den Anschluss herstellerfremder Mikrofone an das eigene Funkgerät nicht unbedingt einfacher macht. Um hier Abhilfe zu schaffen, gibt es zwei Möglichkeiten: Entweder bringt man an das gewünschte Mikrofon den passenden Stecker an oder man verwendet einen Adapter. Passende Adapter sind leider nicht immer verfügbar. Möchte man sich einen solchen selbst anfertigen, wird die Anschlussbelegung sowohl vom Funkgerät als auch vom Mikrofon benötigt. Dabei geht es meist um die Übertragung der wichtigsten Signale vom Mikro zum Gerät und einigen Zusatzfunktionen:

- Gerätemasse (GND)
- Mikrofonausgang zum Funkgerät (Mic in)
- RX für den Empfang (zum Teil auch als Audio bezeichnet)
- TX zum Umschalten auf den Sendebetrieb (auch PTT für „push to talk")
- Kanalumschaltung (Up/Down, auch U/D)
- weitere Funktionstasten im Mikrofon

- Audio mute (Stummschaltung)
- Ausgangsspannung (12V oder andere Spannungen, wichtig: Kurzschlussgefahr)

Die Umschaltung von Empfangsbetrieb auf den Sendebetrieb kann auf unterschiedliche Art und Weise erfolgen. Bei den älteren Geräten wird je nach Betriebsart entweder RX oder TX auf Masse geschaltet (durch einen Umschalter im Mikrofon). Oft und vor allem bei neueren Geräten wird aber auch nur ein Schaltsignal über einen Taster im Mikrofon benötigt, welches das Funkgerät auf den Sendebetrieb umschaltet. Im zweiten Fall kann sogar eine Leitung eingespart werden. Weitere Anschlüsse sind vorgesehen für die Kanalumschaltung am Mikrofon (Up/Down), Audioausgang (zum Beispiel für ein Lautsprechermikrofon oder den Anschluss eines Headsets), Stummschaltung oder eine Ausgangsspannung (6 oder 12 Volt).

Beim Anschluss von Mikrofonen anderer Hersteller oder beim Anfertigen von Adapterkabeln sollte unbedingt die Kurschlussgefahr im Auge behalten werden. Kurzschlüsse bei den Spannungsausgängen an den Mikrofonbuchsen verursachen meistens Schäden am Funkgerät. Herstellerfremde Mikrofone können mitunter auch andere Mikrofonkapseln enthalten, die sich nicht ohne Weiteres an das vorhandene Funkgerät anschließen lassen. Dies gilt vor allem für ältere Geräte, die oft noch mit dynamischen Mikrofonen betrieben wurden und an die nun ein Mikrofon mit Elektret-Mikrofonkapsel angeschlossen werden soll. Letztere benötigen bekanntermaßen eine Betriebsspannung, die direkt über die Mikrofonleitung in die Mikrofonkapsel eingespeist wird (Phantomspeisung). Fehlt diese Spannung, funktioniert die Elektret-Mikrofonkapsel nicht, da diese nicht wie ein dynamisches Mikrofon selbst ein Spannungssignal erzeugt.

Es gibt noch einige neuere Geräte, die meist auch nicht über standardmäßige Mikrofon-Steckverbindungen verfügen. Sollen hier Steckverbindungen angebracht werden, gibt es noch einige zusätzliche Dinge zu beachten. Soweit zunächst zu den Hinweisen, die es beim Anschluss von anderen Mikrofonen an das vorhandene Gerät zu beachten gilt. Anschließend folgen noch einige Anschlussbedingungen gängiger Mikrofonstecker bzw. Buchsen.

Allerdings sind diese Angaben unverbindlich, da es immer Änderungen geben kann und nicht ganz auszuschließen ist, ob an den jeweiligen Geräten schon Veränderungen am Mikrofonstecker oder an den Steckverbindungen im Funkgerät vorgenommen wurden. Deshalb sind diese Anschlussbelegungen nur beispielhaft angegeben. Die Angaben der jeweiligen Hersteller dienen hier zur Identifizierung der jeweiligen Anschlüsse. Genannt werden neben den Herstellern die Buchsenarten (sogenannte Japanstecker oder DIN-Anschlüsse). Natürlich gibt es noch andere Steckerarten wie Westernstecker oder Klinkenstecker. Aber es sollen Ihnen in diesem Buch nur einige gängige Belegungen der Mikrofonanschlüsse aufgezeigt werden.

Einige der Steckerbelegungen sind mit zwei verschiedenen Grautönen unterlegt. Diese Grautöne kennzeichnen gleiche Steckerbelegungen bei Geräten von verschiedenen Herstellern, wie diese bei den CB-Funkgeräten häufiger auftreten. Das gilt vor allem für die Belegungen der Japanstecker verschiedener Geräte von Albrecht, Maas, Midland (hier außer den Exportgeräten), President (6-polige Stecker) Stabo und Team. Teilweise finden Sie auch spiegelverkehrte Belegungen vor wie bei den Funkgeräten von Stabo und Co. sowie President (bei den 4-poligen Steckern).

		Pin 1	Pin 2	Pin 3	Pin 4	Pin 5	Pin 6	Pin 7	Pin 8
Albrecht,	4-pol.Jap.	Mic in	GND	RX	TX				
Maas, Pan	6-pol.Jap.	Mic in	RX	TX	U/D	GND	+12V		
DNT	5-pol.DIN	Mic in	RX	TX	GND	nb			
	8-pol.DIN	Mic in	RX	TX	GND	Mute	U/D	+6V	+12V
Kaiser	5-pol.DIN	GND	TX	Mic in	RX	nb			
Midland	4-pol.Jap.	Mic in	GND	RX	TX				
kein Export	6-pol.Jap.	Mic in	RX	TX	U/D	GND	+12V		
President	4-pol.Jap.	GND	Mic in	TX	nb				
	6-pol.Jap.	Mic in	RX	TX	U/D	GND	+12V		
Stabo	4-pol.Jap.	Mic in	GND	RX	TX				
	6-pol.Jap.	Mic in	RX	TX	U/D	GND	+8V		
Team	4-pol.Jap.	Mic in	GND	RX	TX				
	6-pol.Jap.	Mic in	RX	TX	U/D	GND	+12V		
	5-pol.DIN	Mic in	TX	U/D	GND	RX			

Steckerbelegungen einiger CB-Funkgerätehersteller

Netzteile und Akkus als Stromversorgung

Bei den Mobilfunkgeräten und Handfunkgeräten ist die
Stromversorgung offensichtlich. Das Handfunkgerät wird aus
Batterien bzw. Akkus gespeist, ähnlich verhält es sich beim
Mobilfunkgerät, das über eine geeignete Kabelverbindung aus der
Autobatterie mit Strom versorgt wird. Eine richtige Heimstation
bringt ihr eigenes Netzteil mit. Anders ist dies bei einer Mobilstation,
die daheim betrieben werden soll. Nicht jeder will sich eine
Autobatterie ins Zimmer stellen, die regelmäßig aufgeladen werden
will. Ein Netzteil muss also her. Doch nicht jedes Netzteil, bei dem am
Ende 12 Volt rauskommen, ist geeignet. Das hat mehrere Gründe.
Zunächst ist da die Stromstärke, die ausreichend für das Gerät sein
muss. Etwa 2 bis 4 Ampere muss es zur Verfügung stellen, womit
viele der im Handel erhältlichen Steckernetzteile bereits zu schwach
dimensioniert sind. Mindestens ebenso wichtig ist die
Ausgangsspannung, die idealerweise bei Werten zwischen 13,2 und

13,8 Volt liegen sollte. Die Funkgeräte sind in der Regel für den Betrieb im Kraftfahrzeug ausgelegt, in dem eine Spannung in diesem Bereich zur Verfügung gestellt wird (zumindest dann, wenn der Motor läuft). Natürlich funktioniert es auch mit 12 Volt. Im schlimmsten Fall ist die Sendeleistung geringfügig verringert. Wichtig ist vielmehr, dass das Netzteil eine stabilisierte Ausgangsspannung bereitstellt, da sonst ein unangenehmes Brummen sowohl aus dem eigenen Lautsprecher tönt als auch aus dem der Gegenstelle, wenn man sendet. Achten Sie beim Kauf auf Hinweise auf dem Gerät wie „Regulated DC Supply" oder „Regulated Power Supply". Eine Alternative besteht darin, das Funkgerät an einer (Insel-) Solaranlage zu betreiben, bei der ohnehin ein Akku mit 12 Volt Ausgangsspannung zur Verfügung steht. Soll ein Mobilfunkgerät unterwegs eingesetzt werden (beispielsweise für das Bergfunken) und steht kein Fahrzeug mit Autobatterie zur Verfügung, genügt auch eine 12-Volt-Blei(gel)batterie, die den Funkbetrieb je nach Kapazität für einige Zeit ermöglicht. Eine Alternative dazu besteht aus einem Akkupack mit Lithium-Ionen-Akkus mit entsprechender Ausgangsspannung, wie diese heute im Handel meist recht günstig angeboten werden.

Lautsprecher und weiteres Zubehör

Mobilfunkgeräte besitzen eingebaute Lautsprecher, die zwar ihren Zweck erfüllen, dabei oft allerdings alles andere als angenehm klingen. Das gilt vor allem für die Geräte kleinerer Bauart, die meistens nur über mangelhafte Lautsprecher verfügen. So entsteht häufig der Wunsch nach einem externen Lautsprecher, der den Klang und damit die Verständlichkeit der Funkübertragungen verbessern soll. Sicher sind die Ansprüche nicht besonders hoch, da in der Regel ohnehin nur Sprache übertragen werden soll. Allerdings gibt es auch hierbei zum Teil enorme Unterschiede. Viele der Geräte besitzen zu diesem Zweck Anschlüsse für externe Lautsprecher, meist in Form von Klinkenbuchsen, wie man diese auch in ähnlicher Form von anderen Geräten aus dem Bereich der Unterhaltungselektronik kennt. Der Unterschied liegt hier allerdings darin, dass es sich lediglich um Monoanschlüsse mit den dazugehörigen zweipoligen Klinkensteckern bzw. Buchsen handelt. Achten Sie deshalb auch auf die richtigen Anschlüsse, die an den Lautsprecherboxen vorhanden sein müssen. Speziell für den Funkbetrieb ausgelegte Lautsprecher enthalten in einigen Fällen noch nützliche Zusatzfunktionen wie etwa Noise-Filter zur Unterdrückung von Nebengeräuschen oder ähnliches. Nützlich sind solche externen Lautsprecher auch dann, wenn das Gerät in ein spezielles Gehäuse eingebaut werden soll, da die in den Funkgeräten integrierten Lautsprecher in der Regel nach unten abstrahlen und dann nicht mehr richtig zu hören bzw. zu verstehen sind. Weiteres Zubehör für den CB-Funkbetrieb ist folgendes:

- Antennenumschalter: praktisch, wenn Sie entweder mehrere Antennen an einem Funkgerät betreiben wollen (was auch den ursprünglichen Sinn und Zweck dieser Schalter darstellt) oder umgekehrt, möglicherweise zum Testen verschiedener Geräte an einer Stationsantenne
- Antennenkabel mit PL-Steckern: unverzichtbar, wenn die Stehwelle eingestellt werden soll oder wenn Sie einen Antennenumschalter zum Testen von mehreren Funkgeräten, einen Sende- oder Empfangsverstärker oder einen sogenannten Antennenmatcher einsetzen wollen.
- Antennenmatcher und Antennentuner: einsetzbar, um Anpassungen zwischen Antenne und Funkgerät vornehmen zu können, wenn beispielsweise die Antenne sich aus irgendwelchen Gründen nicht mehr einwandfrei einstellen bzw. abstimmen lässt

- Externe S-Meter: Viele Geräte besitzen entweder gar keine oder nur sehr grob anzeigende S-Meter (möglicherweise mit nur wenigen LEDs in Form von Leuchtanzeigen). Abhilfe schaffen hier externe S-Meter, die oft mit Zusatzfunktionen versehen sind und die eine gut ablesbare Skala besitzen. Angeschlossen werden solche Geräte über eine Ausgangsbuchse am Funkgerät (nur an einigen Funkgeräten vorhanden).
- Stehwellenmessgerät (SWR-Meter): unverzichtbar für das Einstellen der Antenne, in Verbindung mit Leistungsmessgeräten sehr nützlich, um die Ausgangsleistung der Sendeendstufe im Funkgerät zu überprüfen
- Dummyload: Dies sind eher für ambitionierte Funker und zum Testen von Funkgeräten vorgesehene Hilfsmittel, die im Prinzip nichts anderes machen, als die Sendeleistung in Wärme umzuwandeln. Verwendet werden sie unter anderem dafür, in Verbindung mit Leistungsmessgeräten die Sendeendstufe zu überprüfen, ohne dass das Ausgangssignal tatsächlich über eine Antenne ausgesendet wird.
- Weitere Messgeräte: Natürlich gibt es noch weitere nützliche Messgeräte für Funkanwendungen wie Frequenzzähler oder Analyser, Komponententester oder Ähnliches, die aber meist nur von sehr ambitionierten CB-Funkern oder von Amateurfunkern genutzt werden.

Die Abbildung zeigt ein Kombimessgerät aus den Anfangszeiten des CB-Funks. Solche Geräte sind heute eher etwas für die Vitrine. Der Leistungsmessbereich reicht bei diesem Messgerät nur bis zu einem Watt. Die CB-Funkgeräte aus der damaligen Zeit hatten nur sehr geringe Sendeleistungen. Neben dem Leistungsmessgerät, dem SWR-Meter und dem Quarztester enthält dieses Gerät noch einen NF-und HF-Oszillator und einen

Antennendummy, allerdings für nur sehr geringe
Ausgangsleistungen und daher an den heutigen Funkgeräten nur
noch bedingt nutzbar.

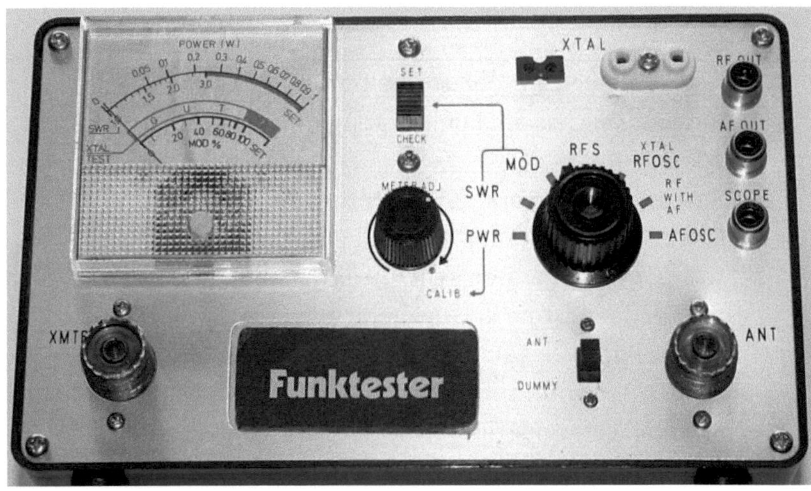

Funktester älterer Bauart mit Quarztester, SWR-Meter und anderen Funktionen

Funktion von Antennenmatcher bzw. Antennentuner

Die Funktion eines Antennenmatchers, auch als Matchbox oder
Antennentuner bezeichnet, besteht im Wesentlichen darin, eine
Anpassung der Antennenimpedanz zu erreichen, ohne die
mechanische Länge der Antenne verändern zu müssen. Die
einfachsten Ausführungen dieser Geräte arbeiten manuell. Die
Impedanzanpassung muss durch Nachregulieren des
Antennenmatchers erfolgen. Dabei wird die Anpassung meist sogar
für jeden Kanal vorgenommen und muss bei einem Kanalwechsel
erneut durchgeführt werden, um jeweils die optimale Anpassung zu
erhalten. Es werden verschiedene Bauteile eingesetzt wie
Induktivitäten (Spulen) und variable Kapazitäten, also einstellbare
Kondensatoren. Preisgünstige Geräte für den CB-Funk können mit

einer Schaltung bestehend aus zwei Drehkondensatoren und einer
Spule aufgebaut sein. Die folgende Abbildung zeigt die
Prinzipschaltung eines solchen Matchers.

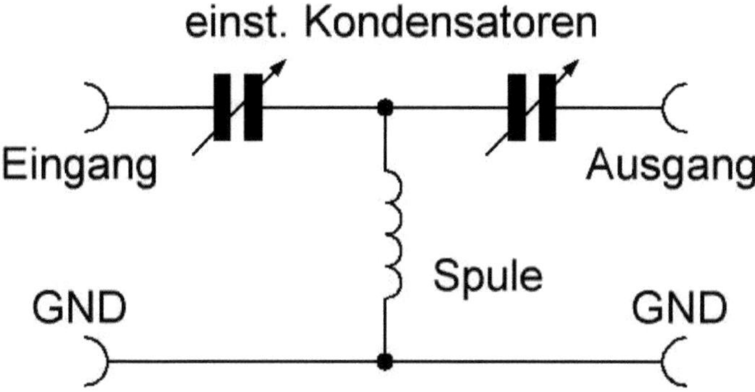

Schaltung eines einfachen Antennenmatchers

Der Antennenmatcher wirkt wie ein Filter, der die bei Fehlanpassung
reflektierten Sendesignale (bei schlechter Stehwelleneinstellung)
zurückhält, sodass diese nicht zum Sender zurückgelangen und dort
Schaden anrichten können. Natürlich geht das nur dann, wenn er
richtig eingestellt wird. Nur soviel vorweg: An der Antenne kann der
Matcher natürlich keine Veränderungen bringen. Die Fehlanpassung
bleibt also nach wir vor bestehen. Dennoch ist der Einsatz eines
solchen Gerätes gegebenenfalls auch beim CB-Funk sinnvoll,
möglicherweise dann, wenn die Stehwelle an der Antenne aus
irgendeinem Grund nicht nachjustiert werden kann. Sie benötigen
neben Funkgerät, Antennenmatcher und Antenne noch ein
Stehwellenmessgerät sowie die notwendigen Verbindungskabel vom
Funkgerät zum Stehwellenmessgerät und von dort aus zum Matcher,
an dem schließlich die Antenne angeschlossen wird. Die Nutzung und
Einstellung wird wie folgt durchgeführt:

- Gerät wie folgt anschließen: Funkgerät -->
  Stehwellenmessgerät --> Matcher --> Antenne
- falls notwendig, die Ausgangsleistung des Funkgerätes
  runterregeln, unbedingt eventuell vorhandenen Verstärker
  ausschalten oder abklemmen
- die Drehkondensatoren am besten zu Beginn auf ihre
  jeweiligen Mittelwerte einstellen
- das Funkgerät auf den Kanal einstellen, auf dem die
  Anpassung erfolgen soll (darauf achten, dass keine anderen
  Stationen durch das Senden eines Trägers gestört werden)
- Stehwellenmessgerät einstellen (Schalter auf FWD, mit Poti
  regeln, bis Zeiger auf „SET" steht, dann auf REF schalten)
- die Sendetaste drücken, dabei Ausschlag des SWR-Meters
  beobachten und wechselweise mit beiden
  Drehkondensatoren die Abstimmung vornehmen, bis der
  Ausschlag minimal oder gar nicht mehr vorhanden ist

Noch ein Tipp zur Nutzung des Antennenmatchers: Sie können eine
grobe Einstellung bereits beim Empfangsbetrieb vornehmen, wenn
Signale empfangen werden können. Dazu stellen Sie die
Drehkondensatoren ebenfalls wechselweise ein, bis die
Empfangslautstärke am höchsten ist. Danach können Sie die
Anpassung während des Sendebetriebs vornehmen. Auf diese Weise
lässt sich ein Sendebetrieb bei schlechter Stehwelle bereits
minimieren. Bedenken Sie aber, dass ein Antennenmatcher nichts
daran ändert, dass die Antenne nicht optimal eingestellt ist, was das
Stehwellenverhältnis angeht. An der Antenne wird schließlich nichts
geändert. Besser ist es immer, die Stehwelle an der Antenne richtig
einzustellen, was einen Antennenmatcher für den CB-Funk
überflüssig macht. Er ist eine zusätzliche Einheit in der Verbindung
vom Funkgerät zur Antenne, die eine gewisse Signaldämpfung
bewirkt und die nach Möglichkeit eingespart werden sollte.

Sende- und Empfangsverstärker

Spricht man vom CB-Funk, ist eines der wichtigsten Themen die
Reichweite. Stellen Anfänger die ersten Fragen zu diesem Thema,
betrifft eine davon mit Sicherheit die Reichweite, die auf dem Band
zu erzielen ist. Wegen der nur begrenzten Ausgangsleistung der
Geräte ist natürlich auch die Reichweite sehr beschränkt. Bei guten
Bedingungen beträgt sie vielleicht 30 bis 50 Kilometer, bei offenem
Band sind auch bis zu mehreren 100 Kilometern an Reichweite drin.
Sehr verständlich ist daher der Wunsch, mit zusätzlichen
Einrichtungen in Form von Sendeverstärkern die Sendeleistung und
damit auch die Reichweite zu erhöhen. Auch wenn es hierzulande
nach wie vor für das CB-Band illegal ist, solche Geräte zu betreiben,
scheint das nur die wenigsten zu interessieren. Dementsprechend gut
„laufen" CB-Sendeverstärker mit Leistungen von etwa 30 bis hin zu
mehreren 100 Watt. Beim Einsatz solcher Geräte gibt es allerdings
auch einige Dinge zu beachten. Neben den gesetzlichen Aspekten
sind dies Dinge wie eine gesicherte und ausreichend dimensionierte
Stromversorgung. Schließlich beträgt die Stromaufnahme je nach
Ausgangsleistung bereits ein Vielfaches von der des Funkgerätes.
Außerdem muss die gesamte Antennenanlage für die entsprechende
Leistung ausgelegt sein. Wird ein Verstärker mit einer
Ausgangsleistung von 30 bis 50 Watt eingesetzt, ist dies
normalerweise kein Problem, da die Antennen in der Regel für solche
Leistungen dimensioniert wurden. Die Verstärker erzeugen
außerdem zum Teil sehr hohe Betriebstemperaturen, was beim
Aufbau der Funkanlage oder beim Einbau der Geräte in
entsprechende Gehäuse unbedingt beachtet werden sollte.

Was für den Sendebetrieb gut ist, kann natürlich auch für den
Empfang nicht schlecht sein. Dementsprechend gibt es auch
Empfangsverstärker, die einen mehr oder weniger verbesserten

Empfang versprechen. Im Gegensatz zu den Sendeverstärkern dürfen sie auch ohne Weiteres eingesetzt werden, schließlich erzeugen sie keine hohen Ausgangsleistungen wie die Sendeverstärker. Inwieweit der Empfang damit verbessert werden kann und in wieweit sich eine solche Investition lohnt, muss im Einzelfall getestet werden. Allerdings sollte niemals vergessen werden, dass ein gut abgeglichenes Funkgerät und eine möglichst gut angepasste Antenne besser ist als ein Verstärker und diesen überflüssig macht. Ein sorgfältig ausgewählter Standort für die Antenne, möglichst kurze Antennenkabel und ein empfangsstarkes Funkgerät sind die idealen Voraussetzungen, um auch weiter entfernte Signal aufnehmen zu können. Und noch ein Aspekt ist wichtig: Der Verstärker verstärkt nicht nur die gewünschten Empfangssignale, sondern auch eventuelle Störungen auf dem Kanal. Die Meinungen zu solchen Geräten sind deshalb sehr gemischt. Jeder sollte selbst für sich entscheiden, ob er eine solche Investition tätigen möchte.

Selektivruf für den CB-Funk

Wenn Sie häufiger ins CB-Band reingehört und dabei über die Kanäle geschaltet haben, sind Ihnen möglicherweise schon einmal Durchgänge mit Tonfolgen aufgefallen. Hierbei handelte es sich mit hoher Wahrscheinlichkeit um sogenannte Selektivruftöne. Diese dienen dazu, bestimmte Stationen zu erreichen bzw. zu öffnen. Was heißt das? Ein mit Selektivruf ausgestattetes Funkgerät lässt sich so einstellen, dass es nur auf bestimmte Anrufe reagiert, dann also die Rauschsperre öffnet. Ansonsten bleibt es stummgeschaltet. Der Selektivruf im Empfänger steuert den Lautsprecher des Funkgerätes an und lässt diesen bis zum Empfang einer Tonfolge mit bestimmten Tönen mit festgelegten Frequenzen und Reihenfolge ausgeschaltet. Der Selektivruf wurde dazu so programmiert, dass er nur auf diese Tonfolge reagiert. Der Sender muss diese Tonfolge kennen und sein

Selektivrufgerät mit genau diesem Ruf programmieren. Der
Selektivruf kann fest in einem Funkgerät verbaut sein oder als
Zusatzgerät angeschlossen werden. Einige Geräte besitzen dazu
einen Anschluss, über dem unter anderem der Lautsprecher im
Funkgerät unterbrochen werden kann und der mit einem Stecker mit
Überbrückung versehen werden muss, wenn am Funkgerät kein
Selektivruf angeschlossen ist. Neben der schon genannten
Ausführung gibt es noch andere Verfahren, um einen Selektivruf
umzusetzen, zum Beispiel in Form von Zusatzgeräten, die mit dem
Anschluss für einen externen Lautsprecher am Funkgerät verbunden
werden. Solche Geräte sind in der Abbildung zu sehen.

Selektivruf mit Intervalltönen in gleicher Tonhöhe

Diese Geräte besitzen einen eingebauten Lautsprecher, der nur
aktiviert wird, wenn das Gerät einen für ihn bestimmten Selektivruf
empfängt. Es wird einfach an 12 Volt angeschlossen und mit dem
Lautsprecherausgang des Funkgerätes verbunden. Dieses System
arbeitet mit Intervalltönen mit gleicher Frequenz. Die Töne erinnern
vom Klang her etwas an Morsetöne.

Kapitel 7: Freenet und PMR446

CB-Funk, Freenet und PMR446 sind verschiedene, nicht untereinander kompatible Funkanwendungen, die zusammengefasst als Jedermann-Funk bezeichnet werden. Alle drei Arten können gebührenfrei und ohne Anmeldung oder Lizenz genutzt werden. Sie arbeiten aber auf unterschiedlichen Frequenzen. Cb-Funk liegt im 27-MHz-Bereich (11 Meter), Freenet bei etwa 149 MHz (2 Meter), PMR 446 bei 446 MHz (70 Zentimeter Wellenlänge). Bereits im ersten Band wurden die beiden Funkanwendungen Freenet und PMR446 vorgestellt. Sie haben sich in den letzten Jahren als beliebte Funkanwendungen für kleinere Entfernungen entwickelt.

Freenet

Freenet ist bereits seit 1996 zugelassen. Anfangs gab es nur eine maximal zugelassene Sendeleistung von 500 Milliwatt (0,5 Watt). Die Leistung von Freenet wurde später auf 1,0 Watt erhöht. In Grenzgebieten zu Belgien und Polen dürfen nur Geräte mit 0,5 Watt Strahlungsleistung (ERP) verwendet werden.

ERP bezeichnet die äquivalente Strahlungsleistung (Equivalent Radiated Power) von einer Lambda-Halbe-Antenne ($\lambda/2$). Es handelt sich also hier nicht nur um die von der Sendeendstufe abgegebene Leistung, sonderm um die eingespeiste Leistung multipliziert mit dem Antennengewinn. Wird die Antenne an einem Freenet-Funkgerät (oder an einem anderen Funkgerät) durch eine mit höherem Gewinn ersetzt, kann dabei die effektive Strahlungsleistung soweit ansteigen, sodass man sich im illegalen Sendebetrieb befindet. Man unterscheidet zwischen ERP und EIRP (Equivalent Isotropic Radiated Power), die äquivalente isotrope Strahlungsleistung. Hierbei handelt es sich um die kugelförmig abgestrahlte Sendeleistung.

Man unterscheidet zwischen analoger und digitaler Nutzung des Frequenzbereiches. Analog stehen in der Modiulationsart FM sechs Kanäle zur Verfügung. Die Frequenzen liegen zwischen 149,0250 und 149.1125 MHz mit einer Bandbreite von 12,5 kHz pro Kanal. Die digitalen sechs Kanäle nutzen das Zeitmultiplexverfahren TDMA (Time Division Multiple Access). Mithilfe dieser Übertragungstechnik werden Funksignale von mehreren Sendern in bestimmten Zeitfenstern über eine Frequenz übertragen. Ebenfalls nutzbar (mit entsprechenden Ausstattungsmerkmalen der genutzten Geräte) ist ein Frequenzmultiplexverfahren mit der Bezeichnung FDMA (Frequency Division Multiple Access), ein Verfahren, bei dem sich gleichzeitig mehrere Signale auf einem Träger verteilt übertragen lassen, wobei die Träger unterschiedlichen Frequenzen zugeordnet werden. Diese Übertragungstechnik arbeitet mit einer verringerten Kanalbreite von 6,25 kHz. Hier stehen zwölf Kanäle mit Frequenzen zwischen 149,021875 und 149,115625 MHz zur Verfügung.

PMR446

PMR446 folgte als weitere Funkanwendung im Jahr 1999. Wie beim CB-Funk sind nur begrenzte Reichweiten möglich. Besonders bei PMR sind diese aufgrund der nur sehr geringen Sendeleistung stark eingeschränkt. Werden die kleinen Funkgeräte in städtischen Gebieten eingesetzt, liegt die Reicheweite oft bei nur wenigen hundert Metern. Dennoch sind die Funkgeräte sehr beliebt. Sie sind oft paarweise zu nur geringen Kosten erhältlich, enthalten bei manchen Ausführungen leistungsstarke Akkus und können praktisch sofort genutzt werden. Sie ermöglichen es, über geringe Entfernungen unkompliziert zu kommunizieren. Es stehen 16 Kanäle in der Modulationsart FM mit Frequenzen zwischen 446,00625 und 446,19375 MHz mit einer Kanalbreite von 12,5 kHz zur Verfügung.

Daneben gibt es wie bei Freenet Anwendungen für die digitale Frequenznutzung DMR Tier I mit 16 Kanälen sowie dPMR446 (Digital Private Mobile Radio) mit 32 Kanälen mit halber Kanalbreite und Frequenzen zwischen 446,003125 und 446,196875 MHz.

Hardwaretechnisch sind die Bedingungen für den legalen Betrieb der Geräte streng geregelt. Es sind nur Handfunkgeräte mit fest verbauten Antennen zugelassen. Andere (ebenfalls zum Teil recht günstige) Funkgeräte wie Handfunken und Mobilfunkgeräte können natürlich ebenfalls erworben werden. Deren Nutzung ist allerdings nur Amateurfunkern mit entsprechender Lizenz auf den jeweiligen Frequenzen erlaubt. Interessant sind die Funkgeräte für viele Menschen als preisgünstige Möglichkeit, auf einfache Weise in Verbindung zu bleiben, wobei das im Handel erhältliche Zubehör noch eine gewisse Rolle spielt. In vielen Startersets mit zwei Funkgeräten sind neben den Akkus und Ladegeräten bereits weitere nützliche Zubehörteile enthalten wie Headsets oder Gürtelhalterungen. Im Handel erhalten Sie zudem weitere praktische Dinge wie externe Mikrofone, Programmierkabel oder Ähnliches. Gerade die Programmierkabel sind gefragt, da sich viele der Geräte damit sehr individuell einstellen lassen. Dabei sind aber die gesetzlichen Bestimmungen zu beachten. Hier sind ein paar Möglichkeiten für die Einstellungen:

- Einstellung der Sende- und Empfansfrequenzen für jeden Preset (in gewissen Grenzen und innerhalb des jeweiligen Frequenzbereiches)
- Unterkanäle mithilfe von CTCSS und DCS programmieren zur Kommunikation innerhalb bestimmter Benutzergruppen
- Einstellung einer Scannerfunktion, zum Teil auch mit der Aufnahme einzelner Kanäle in den Scannerbetrieb

- Auswahl verschiedener Sendeleistungen (nur legal von Amateurfunkern nutzbar)
- Einrichtung einer Sendesperre bei einem belegten Kanal (oft als Busy Lock bezeichnet)
- Einstellung der Rauschsperre in mehreren Stufen
- Sender-Timeout nach einer bestimmten Zeit
- Sprachdurchsagen (besonders bei den günstigen chinesischen Geräten), Programmierung der verschiedenen Tasten am Gerät, Roger-Beep oder Battery-Save

Viele der Geräte enthalten noch nützliche Zusatzfunktionen wie eine Taschenlampe oder ein FM-Radio, sodass der Nutzen durch die Geräte noch sinnvoll erweitert wird.

Informationen zu CTCSS und DCS

Ein wesentliches Merkmal bei der Nutzung der beiden Funkanwendungen Freenet und PMR446 sind die häufig als Unterkanäle bezeichneten Verfahren zur Umsetzung der Kommunikation in Benutzergruppen mit den Bezeichnungen CTCSS und DCS.

CTCSS arbeitet analog. Die Buchstaben stehen für „**C**ontinuous **T**one **C**oded **S**ubaudio **S**quelch" bzw. „**C**ontinuous **T**one **C**oded **S**quelch **S**ystem". Ähnlich wie beim Selektivruf auf dem CB-Funk lassen sich auf einem Kanal bestimmte Stationen auswählen. Durch einen mitgesendeten Pilotton reagieren nur ausgewählte Funkgeräte auf den Anruf, die auf den jeweiligen Rufton programmiert wurden. Erst durch das Mitsenden dieses Pilottons öffnet das empfangende Funkgerät die Rauschsperre und ermöglicht dadurch das Mithören. Die mitgesendeten Töne haben festgelegte Frequenzen im unteren Bereich des hörbaren Frequenzspektrums. Damit arbeitet CTCSS anders als das Selektivrufverfahren mit Tonfolgen, die mithilfe des Selektivrufs programmiert werden können.

DCS (Digital Coded Squelch) ist eine digital arbeitende Anwendung mit dem gleichen Ziel, nämlich der Bildung von Benutzergruppen, in denen nur ausgewählte Teilnehmer einen Funkruf empfangen. Statt der Pilottöne werden digitale Datenströme mit einer bestimmten Bitrate im unteren Audiobereich übertragen. Dazu dienen standardisierte Codes, von denen es Codierungen mit 512 Möglichkeiten gibt, von denen aber nur 83 für Kennungen verwendet werden. Diese sind in der Norm mit der Bezeichnung TIA-603-E festgelegt. Allerdings gibt es noch herstellerspezifische DCS-Kennungen, die nicht dieser Norm entsprechen. Die Codes sollen neben der Bildung von Benutzergruppen auch zur Vermeidung von Störgeräuschen dienen, wie diese durch das Öffnen der Rauschsperre durch Störungen auf dem Band entstehen können. Einen Schutz vor dem Mithören bieten beide Standards dagegen nicht. Schließlich werden auf der Empfängerseite nur Signale bei der Verwendung dieser Zusatzfunktion unterdrückt. Wird diese deaktiviert, reagiert das Gerät nach wie vor auf jeden eingehenden Ruf auf der jeweils eingestellten Empfangsfrequenz. Für den Sender ergibt sich allerdings bei der Verwendung ein Unterschied. Das Öffnen des Empfängers dauert etwa eine halbe Sekunde, weshalb nicht unmittelbar nach Drücken der Sendetaste gesprochen werden sollte.

CB-Funk, Freenet und PMR446 im Vergleich

Der große Vorteil der Jedermann-Funkanwendungen besteht darin, dass sich diese praktisch immer nutzen lassen, wenn Strom für die Geräte zur Verfügung steht, keine zu großen Entfernungen überbrückt werden müssen und keine Störungen den Funkbetrieb verhindern. Es wird keine Infrastrukur benötigt wie beim Mobiltelefon oder Internet mitsamt seinen vielseitigen

Anwendungen. Daher wird der Funk auch gerne als optimales Kommunikationsmittel in Krisenzeiten genannt, jeder Prepper dürfte ein oder mehrere Funkgeräte besitzen. Aber welche Unterschiede gibt es und was für eine Rolle spielen diese beim Funkbetrieb? Um das zu verstehen, folgen zunächst ein paar grundlegende Infos. Wie Sie bereits wissen, arbeiten die drei Anwendungen CB, Freenet und PMR446 mit unterschiedlichen Frequenzen, wobei CB-Funk eher im unteren Bereich einzuordnen ist, PMR446 mit der mehr als 16-fachen Frequenz eher im oberen Bereich und Freenet dazwischen. Höhere Frequenzen bedeuten geringere Wellenlängen. Prinzipiell wird durch die Verwendung der höheren Frequenzen auch die benötigte Sendeleistung geringer, allerdings wird dadurch nicht unbedingt die Reichweite erhöht. Das hat mit der Art der Ausbreitung der elektromagnetischen Wellen mit unterschiedlichen Frequenzen zu tun. Die Ausbreitung von elektromagnetischen Wellen mit geringeren Funkfrequenzen wie beim CB-Funk ähnelt eher der Ausbreitung von Schallwellen. Je höher die Funkfrequenzen sind, desto eher kommt es zu einer Ausbreitung der Funksignale, die der von Lichtstrahlen ähnelt. Darauf begründet ist auch die Tatsache, dass bei Freenet und PMR446 die besten Reichweiten (auch hinsichtlich der Sendeleistung) bei einer mehr oder weniger bestehenden Sichtverbindung (genau gesagt ohne nennenswerte Hindernisse) zwischen den Funkteilnehmern möglich sind. Natürlich spielen dabei noch andere Dinge eine Rolle. Da wäre zum Beispiel die Länge der Antenne. CB-Funkgeräte arbeiten mit elektromagnetischen Wellen mit einer höheren Wellenlänge als Freenet und PMR446. Deshalb benötigen die Funkgeräte auch längere Antennen. Das kann sowohl bei einer zuhause angebrachten Stationsantenne zum Problem werden als auch unterwegs. Gerade bei den Mobilfunkgeräten oder gar den Handfunkgeräten müssen hier Abstriche gemacht werden, zum Teil sogar deutliche. Stellen Sie sich ein CB-Handfunkgerät mit einer Stummelantenne mit einer Länge von nur rund 30 Zentimetern vor.

Hier liegen die beiden anderen Funkanwendungen vorne, da diese mit kürzeren Antennen besser an die Optimalbedingungen herankommen, zumindest theoretisch. Eine wichtige Tatsache darf dabei auch nicht außer acht gelassen werden: PMR446-Funkgeräte müssen eine fest verbaute Antenne haben, damit sie in Deutschland von Nicht-Amateurfunkern benutzt werden dürfen, bei vielen Handfunkgeräten für CB-Funk oder Freenet können auch andere (und besser optimierte) Antennen verwendet werden. Dabei muss aber jeweils die obere Grenze der äquivalenten Strahlungsleistung (ERP) beachtet werden, die gesetzlich vorgegeben ist.

Zusammengefasst lässt sich sagen, dass die maximale Reichweite bei Freenet und PMR446 sich nur unter optimalen Bedingungen erreichen lässt. Die oft beworbenen Reichweiten von bis zu 10 Kilometern werden mit der geringen Sendeleistung praktisch nur erreicht, wenn die beiden Funker jeweils auf einer Bergspitze stehen und dadurch eine Sichtverbindung besteht. Das dürfte in er Praxis aber nur sehr selten der Fall sein. Innerhalb von Ortschaften oder sogar in Gebäuden sind die zu erreichenden Entfernungen eher enttäuschend. Oft sind es nur einige hundert Meter, unter ungünstigen Bedingungen sogar noch weniger. Hier können CB-Funkgeräte ihre Vorteile ausspielen. Wegen der eher schallähnlichen Ausbreitung der Funkwellen können auch beim Vorhandensein von Hindernissen zwischen den Funkteilnehmern (also ohne direkte Sichtverbindung) meist höhere Entfernungen überbrückt werden. Denken Sie nur daran, dass sich der Schall auch bei Hindernissen ausbreitet, währen eine Sichtverbindung durch diese sehr schnell unmöglich wird. Allerdings ist der CB-Funk etwas anfälliger für Störungen. Fast jeder CB-Funker wird davon ein Lied singen können (siehe auch Kapitel 1, in dem es um die Störungen geht).

Handfunkgeräte (meist PMR446), einige sind nur mit Amateurfunklizenz zu nutzen

	Vorteile	Nachteile
CB-Funk	weit verbreitet Auswahl an Antennen hohe Reichweiten möglich 80 Känale AM,FM,SSB	Antennenlänge und Aufbau relativ teure Handfunkgeräte Handfunkgeräte größer und schwerer als bei Freenet und PMR Anfällig für Störungen von außen
Freenet	etwas bessere Reichweite als bei PMR DCS/CTCSS Pilottöne Sprachverschleierung möglich Geräte sehr kompakt	relativ geringe Auswahl an Funkgeräten (noch) relativ geringe Verbreitung (noch) Zulassung nur hierzulande
PMR446	weiter verbreitet als Freenet Geräte sehr kompakt günstige Geräte DCS/CTCSS u. Sprachverschleierung europaweit zugelassen	fest verbaute Antennen sehr geringe Reichweite

Natürlich spielen beim Vergleich zwischen den genannten drei Funkanwendungen noch einige andere Dinge eine Rolle. Dies sind neben den schon genannten Zusatzfunktionen auch Dinge wie Anschaffungspreise, Verbreitung und einige weitere. Deshalb sollen in der Tabelle nochmals die Eigenschaften sowie Vor- und Nachteile etwas übersichtlicher dargestellt werden.

CB-Funk, Freenet, PMR446 oder mehrere?

Was ist nun besser? CB-Funk, Freenet oder PMR446? Einige der Gemeinsamkeiten und Unterschiede haben Sie bereits kennengelernt. Um die Frage zu beantworten, kommt es aber nicht zuletzt darauf an, auf was Sie bei der Verwendung die Geräte besonderen Wert legen. Kommt es darauf an, hohe Reichweiten zu erzielen und neue Leute über den Funk kennenzulernen, ist wahrscheinlich der CB-Funk die erste Wahl. Dies gilt besonders für optimal abgestimmte Anlagen mit leistungsfähigen (Dach-) Antennen oder den Mobilfunk entweder vom Auto aus oder bei der Verwendung einer Stationsantenne während des Bergfunkens. Kurze Distanzen lassen sich dagegen auch mit Freenet und PMR446 überbrücken. Diese Geräte eignen sich auch sehr gut für geschlossene Benutzergruppen, nicht zuletzt wegen der nützlichen DCS/CTCSS-Funktionen. Die einfachsten dieser Geräte sind sehr einfach zu bedienen und eignen sich für Anwendungen mit kurzen Distanzen auf Baustellen sowie für verschiedenste Freizeitanwendungen, wo eine einfache, unabhängige und unkomplizierte Kommunikation möglich sein soll, eben als klassische Waklie Talkies. Die Freenet- und PMR446-Funkgeräte sind auch unempfindlicher gegenüber Störungen durch moderne elektronsiche Einrichtungen wie schlecht abgeschirmte elektronische Geräte, Maschinen in Firmen, (Schalt-) Netzteile, Powerline oder sonsiges. CB-Handfunkgeräte können natürlich ebenfalls für Verbindungen über kurze Entfernungen hinweg verwendet werden. Für größere Entfernungen sind sie aufgrund der oft nur kurzen Stummelantennen nur bedingt geeignet. Dennoch lassen sich auch mit den mobilen Handfunkgeräten für den CB-Funk durchaus auch Entfernungen von mehreren zehn Kilometern überbrücken, die entsprechenden Funkbedingungen (ein hoher Standpunkt auf einem Berg, im Optimalfall praktisch Sichtverbindung, gegebenenfalls offenes Band) vorausgesetzt. Freenet bewegt sich sowohl von den Eigenschaften der Geräte als auch von der Reichweite irgendwo zwischen CB-Funk und PMR446. Zwar wurde hier die Sendeleistung auf 1,0 Watt erhöht, dennoch gelten im Wesentlichen ähnliche Dinge wie für PMR446. Es konnte jedoch in den letzten Jahren eine Vermehrung der Aktivitäten auf Freenet beobachtet werden, außerdem wird dieser Funkstandard zum Teil auch als eine Art neuer Betriebsfunk vermarktet. Inwieweit sich Freenet dadurch auf dem Markt etablieren wird oder gegebenenfalls sogar zu einer Alternative zum CB-Funk avancieren kann, wird natürlich nur die Zukunft zeigen können.

Freenet, PMR446 und der Kauf günstiger Geräte

Sieht sich der interessierte und potentielle Funker nach günstigen Alternativen zum CB-Funk um, stößt dieser früher oder später auf verlockend günstige Angebote auf den gängigen Onlineportalen, in denen Funkgeräte entweder einzeln oder im praktischen Zweierparks angeboten werden, teilweise sogar mit umfangreichem Zubehör wie Gürtelclips, leistungsstarken Akkus und Ladegeräten sowie Headsets. Wenn Sie sich neben dem CB-Funk auch für Freenet und PMR446 interessieren, sollten Sie bei der Anschaffung der Funkgeräte einige Dinge beachten, damit Sie legal zu nutzende Geräte erwerben. Sehr schnell kommt es nämlich sonst dazu, dass sich der Benutzer mit dem Erwerb und vor allem mit der Inbetriebnahme solcher Geräte auf illegales Terrain begibt. Viele dieser Geräte sind nicht ohne Weiteres

von jedermann zu benutzen, da die Frequenzen nicht den in
Deutschland genehmigten entsprechen, ganz zu schweigen von der
oftmals viel zu hoch eingestellten Sendeleistung von mehreren Watt.
Auch die Bedingung, dass die Geräte ausschließlich über fest
verbaute und nicht auswechselbare Antennen verfügen dürfen, ist
bei diesen Geräten häufig nicht gegeben.

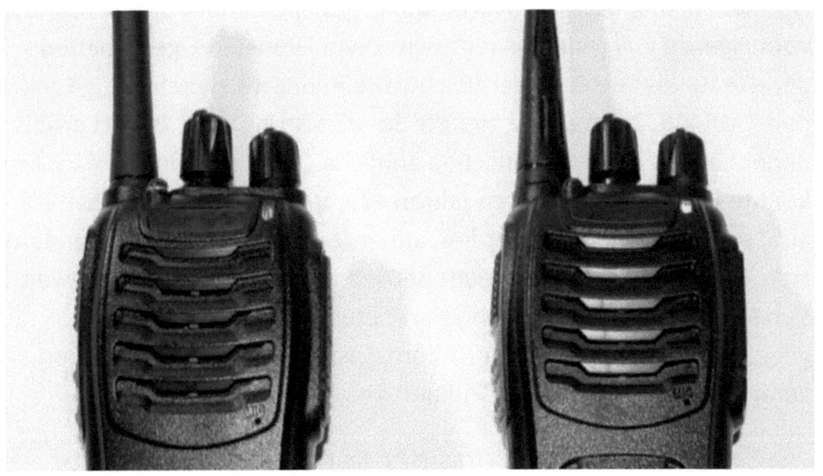

Zwei fast gleiche Funkgeräte mit fester (links) und abnehmbarer Antenne (rechts)

*Einige der von chinesischen Herstellern angebotenen Geräte
gibt es mit geringfügigen Abweichungen bei der
Typenbezeichnung sowohl für den europäischen Markt als
auch als Exportgeräte.Die nicht von Haus aus für den PMR446-
Frequenzbereich eingestellten Funkgeräte sind optisch nur
schwer von den PMR446-Funkgeräten zu unterscheiden. Viele
der frei auf dem Markt erhältlichen Geräte sind von Werk aus
auf Frequenzen eingestellt sind, die man ohne Lizenz meiden
und auf denen man einen Sendebetrieb unbedingt unterlassen
sollte. Achten Sie beim Kauf bzw. vor der Benutzung der Geräte
unbedingt auf die Frequenzangaben und auf das CE-Zeichen
auf den Typenschildern der Geräte.*

Beim PMR446-Funk entspricht der Frequenzbereich der Bezeichnung (446 MHz). Sind auf dem Gerät Angaben wie 400-470 MHz zu finden, ist Vorsicht angebracht. Sehr schnell werden Sie hier zu einem Betreiber einer Funkanlage mit nicht für den Allgemeinbetrieb freigegebenen Frequenzen und handeln illegal.

Handfunkgerät für PMR446 (links) und erweiterten Frequenzbereich (rechts)

Zwar lassen sich bei solchen Geräten die Frequenzen auch auf PMR446 einstellen, dennoch bleibt die Tatsache, dass die Geräte mit abnehmbaren Antennen ausgestattet sind und damit gegen die gesetzlichen Vorgaben für diese Funkanwendung verstoßen. Es lohnt sich also, hier etwas genauer hinzuschauen. Achten Sie auch auf die bei den PMR446- Funkgeräten für Deutschland verhandene CE-Kennzeichnung (siehe Bild). Außerdem erkennen Sie bei einigen Geräten die Angaben zur maximalen Sendeleistung, im Beispiel rechts im Bild mit 5 Watt angegeben. Auch das CE-Kennzeichen fehlt bei solchen Funkgeräten.

Kapitel 8: Weitere Themen rund um den CB-Funk (und allgemeine Funkthemen)

In diesem Kapitel lesen Sie mehr über weitere Themen rund um den CB-Funk sowie andere Funkthemen. Es geht um Web-SDR oder um Funk-Apps. Aber auch praktische Themen werden behandelt bzw. angeschnitten wie der Betrieb einer Funkanlage an der Solaranlage, um Funkrepeater oder G4 LTE-Funk.

Web-SDR: Funk live hören per Internet

SDR bedeutet Software Defined Radio, also ein Radioempfang basierend auf Software, bei dem ein Großteil der Signalverarbeitung, die normalerweise in einem Radio- oder Funkgerät erfolgt, mithilfe von Software umgesetzt wird. Oft enthalten Einrichtungen mit SDR einfache Empfangsschaltungen wie Audionempfänger, welche die Signalquellen zur Weiterverarbeitung bereitstellen. Der Name Web-SDR lässt die Herkunft der für diese Art Software Defined Radio notwendigen Daten bereits erahnen: das Internet. Um Web-SDR zu realisieren, werden sogenannte SDR-Server benötigt, Empfänger für verschiedene Funkstandards, die als Signalquellen zur Verbreitung von Funksignalen per Internet fungieren. Im diese Dienste zu nutzen, reicht ein einfacher Computer mit Internetzugang und Soundkarte (was heute wohl vorausgesetzt werden kann, zumindest die Soundkarte betreffend). Einige Voraussetzungen müssen aber erfüllt werden wie eine ausreichende Geschwindigkeit des Internetzugangs und softwaretechnische Ausstattungsmerkmale wie etwa aktuelle JAVA-Software. Auf der jeweiligen Webseite für Web-SDR sind Informationen zu den bereitgestellten Frequenzbändern oder den Modulationsarten zu finden. Die Webseite www.websdr.org beinhaltet eine Liste von freizugänglichen Web-SDR-Servern.

Funk-Apps fürs Smartphone und G4 LTE Funk

Für fast alles gibt es heute Apps, so auch zum Funken, wenn man das noch so nennen kann. Eine davon nennt sich CB Talk und stammt von Midland Europe. Diese App erlaubt Funkverbindungen mit gewissen Komfortfunktionen wie die Lokalisierung der Funkteilnehmer auf einer Karte, die Eingrenzung des Aktionradius, die Nutzung eines speziell für diese Anwendung entwickelten Funkmikrofons mit Zusatzfunktionen und einiges mehr. Inwieweit das interessant ist, muss jeder für sich selbst entscheiden. Das gilt auch für andere Funkapps. Die Idee, das vorhandene Mobilfunknetz für weitere Funkanwendungen zu nutzen, ist nicht ganz neu. Es gibt mittlerweile sogar Funkgeräte, die genau zu diesem Zweck entwickelt wurden. Diese nennen sich LTE Network Funkgeräte, Netzwerk-Funkgeräte oder PoC-Funkgeräte.

> *PoC steht für "Push-to-Talk over Celluar", alternativ werden auch etwas längere Abkürzungen wie PTToC verwendet. Der Unterschied zum normalen Telefonieren per Mobilfunk besteht darin, dass keine leitungsorientierte Mobilfunkverbindung hergestellt wird, sondern eine Sprechnachricht in digitale Daten umgewandelt an einen Server übertragen und von diesem anschließend an einen oder mehrere Teilnehmer (Clients) weitergeleitet wird.*

Wie beim CB-Funk und oder anderen Funkanwendungen und im Gegensatz zum herkömmlichen Telefonieren wird das Halbduplexverfahren angewendet. Es kann also immer nur gesendet oder empfangen werden. Gleichzeitiger Empfang beim Senden oder umgekehrt ist nicht möglich. Das System arbeitet ähnlich wie der Digitalfunk, da ebenso eine digitale Paketübertragung stattfindet. Ein großer Vorteil zu anderen Funkanwendungen ist die durch die

Nutzung des Mobilfunknetzes enorme Reichweite, die quasi uneingeschränkt ist. Die ersten PoC-Funkdienste gab es bereits 2005, allerdings nicht in Europa, sondern in Nordamerika. In den letzten Jahren ist es aber auch in Europa und hierzulande mit der Einführung gewerblicher 4G LTE-Netze möglich geworden. Durch die hohen Datengeschwindigkeiten entwickelte sich dies zu einer interessanten Alternative zu analogen Funkdiensten oder anderen Arten von digitaler Sprachübertragung. Einschränkungen wegen der zur Verfügung stehenden Kanalkapazitäten gibt es nicht. Es können beliebig viele virtuelle Kanäle und Rufgruppen erstellt werden, teilweise sogar mit zusätzlichen Funktionen wie GPS-Ortung, Beobachtungs- oder Überwachungsdiensten. Die Anzahl der möglichen Anwendungen hängt immer vom jeweiligen Netzwerk ab, eine Kommunikation ohne das genutzte Netzwerksystem untereinander ist nicht möglich, wie man das auch vom herkömmlichen Mobilfunknetz kennt. Das ist aber auch kein Wunder, schließlich wird das Netz zum Betrieb der Funkanwendung benötigt. Es gibt verschiedene Ausführungen von Funkgeräten speziell für LTE-Funkdienste, die zum Teil mehr Handys oder Smartphones ähneln, teilweise aber auch die Optik von klassischen Funkgeräten bieten.

CB-Funk über Solarbetrieb

Energiesparen ist heute wichtiger denn je. Nicht zuletzt wegen der steigenden Energiepreise ist das Thema Solarstrom in aller Munde. Warum also nicht auch das Funkgerät an der Solaranlage betreiben? Das ist durchaus eine interessante Alternative zum Strom aus der Steckdose, besonders dann, wenn ein Mobilfunkgerät genutzt wird, das direkt an einer 12-Volt-Batterie betrieben werden kann. Sie benötigen dafür gar nicht soviel. Eine Solarzelle, einen Laderegler und einen 12-Volt-Bleiakku erhalten Sie zu überschaubaren Preisen im Fachhandel. Jetzt fehlt nur noch die passende Antenne und die

Verdrahtung der ganzen Anlage. Solarzellen gibt es mit
verschiedenen Leistungen. Je nach Budget und Platzverhältnissen
kann die Anlage als Balkonkraftwerk eingesetzt werden (mit 12 oder
24 Volt Spannungswandler auf 230 Volt) oder als Stromversorgung
für das Funkgerät plus eventuellem Zubehör. Die Kosten dafür halten
sich in Grenzen. In der Abbildung sehen Sie ein Solarpanel mit 50
Watt, einen einfachen Solar-Laderegler und eine 12-Volt Bleibatterie,
an die das Funkgerät angeschlossen werden kann. Das Ganze eignet
sich aufgrund der kompakten Abmessungen auch sehr gut für den
mobilen Einsatz dort, wo keine 230 Volt zur Verfügung stehen.

Einfache Solaranlage mit Solarpanel, Solar Laderegler und Bleiakku

Über die im Laderegler integrierten USB-Buchsen lassen sich bei
Bedarf auch Mobilgeräte wie Smartphones oder andere aufladen.
Durch die Stromversorgung mit der 12-Volt-Batterie wird kein
zusätzliches Netzteil benötigt, außerdem steht eine stabile und

brummfreie Spannungsversorgung zur Verfügung, ein ausreichend aufgeladener Akku vorausgesetzt.

Funkrelais, auch Repeater zur Erhöhung der Reichweite

Die Reichweite von CB-Funk, Freenet oder PMR446 ist nicht zuletzt wegen der Einschränkungen der Sendeleistungen (insbesondere bei Freenet oder PMR446) sehr begrenzt. Um die Reichweite zu erhöhen, helfen ein guter Standort und eine vernünftige Antenne. Externe Antennen lassen sich legal durch Nichtamateure aber nicht bei PMR446 einsetzen. Eine immer häufiger verwendete Methode zur Reichweitenerhöhung bieten Funkrelais bzw. Repeater. Das von einer Station ausgesendete Signal wird dabei vom Funkrelais (auch Relaisfunkstelle) empfangen und automatisch über einen weiteren Teil der Funkstrecke zum Empfänger übertragen. Auf diese Weise lassen sich größere Entfernungen überbrücken, als dies alleine mithilfe einzelner Funkstationen möglich wäre. Das Funkrelais arbeitet automatisch und wird in der Regel an einem gut geeigneten Standort eingesetzt. Dabei gibt es generell mehrere Möglichkeiten, um den Repeaterbetrieb umzusetzen, etwa die folgenden:

- Simplex-Betrieb: Der Sendedurchgang wird aufgezeichnet und anschließend auf dem gleichen Kanal wiederholt. Dann macht die andere Station ihren Durchgang, der ebenfalls wiederholt wird. Jemand, der sowohl den eigentlichen Sender als auch den Repeater hören kann, hört den jeweiligen Funkspruch zweimal hintereinander.
- Relaisfunkstelle: Es wird auf einem Kanal gesendet und auf dem anderen Kanal empfangen. Der Repeater (zum Beispiel ein Funkgerät mit Repeaterfunktion) schaltet dabei zwischen zwei Kanälen hin und her. Die beiden Stationen (zum Beispiel A und B) müssen ebenfalls bei Sende- und Emfangsbetrieb zwischen zwei Kanälen wechseln, um das Relais beim Senden

zu erreichen und um während des Empfangs das vom Relais ausgesendete Signal aufnehmen zu können.

Es gibt mittlerweile ein paar Funkgeräte, die eine Repeaterfunktion besitzen und dadurch ohne ständiges Umschalten zwischen zwei Kanälen eingesetzt werden können. Natürlich benötigen die Repeater einen sehr guten Standort und eine optimal abgestimmte Antenne, um effektiv zu arbeiten.

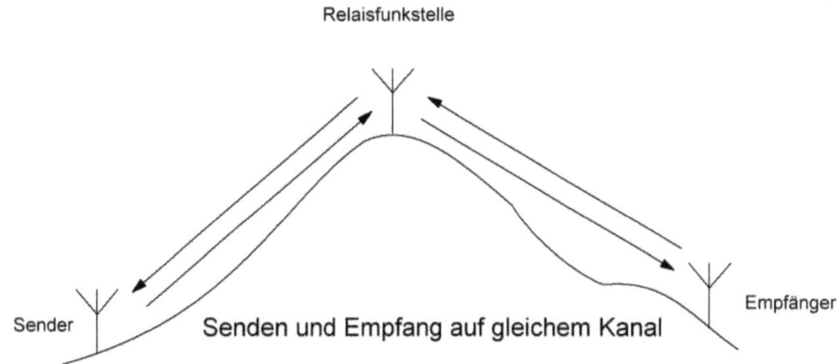

Funken mithilfe einer Relaisfunkstelle im Simplex-Betrieb

Die Kommunikation per Relaisfunkstelle mit Simplex-Betrieb kann mit der Zeit etwas langatmig werden, besonders bei längeren Durchgängen, die ja alle doppelt übertragen werden müssen. Diese Betriebsart ist wohl eher zur Übermittlung kürzerer Nachrichten geeignet. Ob darüber längere QSOs sinnvoll sind, sei dahingestellt.

Komfortabler funktioniert der Funkbetrieb per Relaisfunkstelle mit zwei Frequenzen bzw. Kanälen wie in der folgenden Skizze dargestellt. Er bringt aber auch einen etwas größeren Aufwand mit sich. Schließlich müssen die beteiligten Geräte (Stationen A, B usw.

sowie Relais) auf unterschiedlichen Frequenzen senden und
empfangen können.

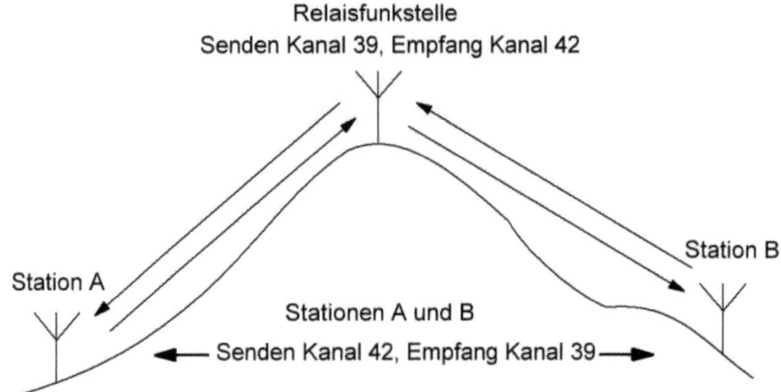

Relais mit Senden und Empfang auf unterschiedlichen Frequenzen

Beispiel: Station A sendet Nachricht „Hallo, wie geht's?" auf Kanal 42.
Das Relais empfängt den Funkspruch auf gleichem Kanal und sendet
auf Kanal 39 weiter. Station B empfängt die Nachricht „Hallo, wie
geht's?" vom Relais auf Kanal 39. Sie antwortet (zum Beispiel „Danke,
gut") und sendet dabei wie Station A auf Kanal 42. Das Relais
empfängt die Antwort und sendet die Nachricht „Hallo, wie geht's?",
genau wie zuvor auf Kanal 39. Station A empfängt die Antwort auf
Kanal 39. Das Umschalten der Kanäle bei Station A und B wäre
prinzipiell auch von Hand möglich. Es müsste dazu direkt vorm
Senden auf Kanal 42, nach dem Sendedurchgang ganz schnell wieder
auf Kanal 39 geschaltet werden. Das ist mit der Zeit etwas müßig,
auch wenn einige Funkgeräte das Umschalten per Tastendruck über
Stations-Presets erlauben.

Es taucht gerade in letzter Zeit häufiger die Frage auf, wie eine solche Relaisfunkstelle aufgebaut werden kann. Die einfachste Möglichkeit dazu besteht darin, ein geeignetes Funkgerät dafür zu verwenden, das eine solche Funktion bereits integriert hat. Andere Lösungen sind meist sehr kostenaufwendig. Dabei muss unterschieden werden, ob der Sende- und Empfangsbetrieb auf unterschiedlichen Kanälen stattfindet oder ob es sich um einen einfachen Repeater handelt, der das empfangene Signal zeitversetzt über denselben Kanal wieder aussendet (häufig auch als Papagei bezeichnet). Wird auf verschiedenen Frequenzen empfangen und gesendet, erfolgt die Weiterleitung über den zweiten Kanal. Sender und Empfänger müssen aus diesem Grund zwischen Sende- und Empfangskanal umschalten. Ein entsprechend ausgestattetes Funkgerät führt diese Umschaltung automatisch durch.

CB-Gateways

Auch CB-Gateways dienen zur Erhöhung der Reichweite zwischen verschiedenen CB-Funkstationen und bedienen sich dazu automatisch betriebener Funkgeräte. Allerdings stellen diese die Verbindung zwischen den teilnehmenden CB-Funkstationen nicht direkt per Funk her, sondern über das Internet, ähnlich den mittlerweile häufig genutzten Voice-over-IP-Verfahren zur Internettelefonie. Das Funkgerät überträgt dazu die empfangenen Audiosignale über den Lautsprecherausgang an einen Computer (an den Eingang der Soundkarte). Mithilfe des Computers wird es nun digitalisiert und per Internet übertragen. Während des Empfangsbetriebs wird das per Internet übertragene, digitalisierte Audiosignal wieder in ein analoges Signal umgewandelt. Für den Gatewaybetrieb stehen verschiedene Kanäle zur Verfügung. Seit April des Jahres 2016 sind dies die Kanäle 11, 29, 34, 39, 40, 41, 61, 71 und 80. Zum Betrieb eines solchen Gateways ist neben einem geeigneten CB-Funkgerät samt Antennenanlage und Stromversorgung ein Computer mit einer geeigneten Software und einem Internetzugang notwendig, der die Analog-Digital-Umwandlung sowie die Signalübertragung ins Netzwerk übernimmt. Zusätzlich wird als Schnittstelle zwischen Funkgerät und PC ein Adapter benötigt, der oftmals vom Betreiber der Gateway-Anlage angefertigt wird. Nicht verwechselt werden sollte diese Anwendung mit rein virtuellen Diensten, die dem CB-Funk oder anderen Funkdiensten lediglich nachempfunden sind. Gateways können als Schnittstellen gesehen werden, die mehrere Anwender miteinander verbinden und die Kommunikation zwischen diesen erlauben. Es gibt Benutzer, die sich lediglich über das Internet per Software anmelden und über ein am PC angeschlossenes Headset kommunizieren, außerdem Besitzer eines Funkgerätes (HF-Benutzer, HF für Hochfrequenz), die mithilfe ihres Funkgerätes eine Verbindung zu einem Gateway herstellen.

Dann gibt es noch die Serverbetreiber, welche die Plattformen für die Software (Serversoftware) bereitstellen.

Das Funkhobby heute

Als der CB-Funk in (damals auschließlich West-) Deutschland im Jahre 1975 ein gesetzlich geregeltes Fundament bekam, war dies nicht nur eine einfache Einführung eines Gesetzes. Es war die Geburt einer neuen Freuzeitbeschäftigung, die seitdem viele Menschen miteinander verbunden hat. In einer Zeit, in der noch niemand etwas ahnen konnte von den heutigen Kommunikationsmöglichkeiten über Mobilfunk, Internet, soziale Netzwerke und dergleichen, war eine neue Art der Kommunikation möglich, die bis dato nur den beruflichen Funkern oder den Amateurfunkern vorbehalten war. Zwar waren die gesetzlichen Vorgaben sehr streng, das sollte jedoch kein Hinderungsgrund dafür sein, dass viele nicht nur technisch interessierte Menschen den Einstieg fanden und zum Teil sogar nie ganz dieses Hobby aus den Augen verloren haben. Man kann wahrscheinlich ohne Übertreibung behaupten, dass der CB-Funk sogar in vielen Gefahrensituationen eine wertvolle Hilfe war, beispielsweise bei Unfällen auf der Straße, und das als einzige Möglichkeit, um schnelle Hilfe zu holen. Handys und Smartphones gab es schließlich noch nicht, Autotelefone waren nur sehr wenigen Menschen vorbehalten. Schon in der Anfagszeit haben sich ambitionierte CB-Funker organisiert, Funkclubs gegründet, Funkertreffen wurden organisiert und vieles mehr. In den 1980er Jahren, unter anderen sicher auch durch die Erweiterung der Kanalzahl sowie durch einige andere Neuerungen, gab es eine Blütezeit des CB-Funks. Irgendwann schlief das Funkhobby ein, und es wurde für einige Zeit recht ruhig auf dem Band. Vor einigen Jahren kam es aber zu einer Auflebung des Funks, als viele Leute den CB-Funk schon längst für tot erklärt haben. Auch die Industrie verschlief diesen Trend nicht und brachte (und bringt auch heute noch) neue Geräte mit zusätzlichen Funktionen auf den Markt. Sogar die gesetzlichen Regelungen für die Nutzung von Funkgeräten im Auto wurde geändert, sehr zum Leidwesen der aktiven Funker. Alleine das Benutzen des Handmikrofons während der Fahrt kann heute zu Problemen führen. Die gesetzlichen Bestimmungen im jeweiligen Land sollten hier im Auge behalten werden.

Nostalgie und heutige Möglichkeiten

Nicht nur Nostalgiefans nutzen die von einigen Menschen als veraltet bezeichnete Kommunikation per CB-Funk oder über andere Funkdienste wie etwa Freenet oder PMR446. Die heutigen technischen Möglichkeiten und die gesetzlichen Erweiterungen in den letzten rund 40 Jahren machen das Funkhobby heute interessant. Dank moderner Technologien, Repeaterbetrieb, Zusatzfunktionen und hochwertigen Funkgeräten sowie Antennenanlagen kann heute jeder Funker interessante QSOs auch über größere Entfernungen führen, der die Möglichkeit hat, eine Stationsantenne aufzubauen oder der sich hin und wieder mit dem Auto und seiner Mobilfunkanlage auf einen Berg in der Nähe begibt. Nicht nur die technikbegeisterten Funker kommen auf ihre Kosten. Auch diejenigen, die neue Kontakte suchen, finden auf dem Band oft sehr schnell Gleichgesinnte.Die Funkgeräte bieten neue Funktionen, sind klein und handlich und lassen sich dadurch besser auch in modernen Fahrzeugen einbauen. Auch die Nostalgie muss nicht zu kurz kommen. Unter den Funkgeräten aus den Anfangszeiten mit ihren zeitgemäßen Designs finden sich heute sogar interessante Sammlerstücke. Einige davon werden sogar mit neuester Technik versehen, so zum Beispiel eine Kanalerweiterung von 12 auf 80, eine Erhöhung der Sendeleistung (statt 0,5 Watt jetzt 4 Watt) und vieles mehr. Die Optik der Geräte wird dabei so weit wie möglich erhalten oder sogar aufgewertet. Die Möglichkeiten sind also heute umfangreicher denn je. Das sind alles Gründe genug, sich auch im 21. Jahrhundert mit dem CB-Funk zu beschäftigen und sowohl neue Technik zu nutzen als auch die alte Technik zu bewahren.

Kommunikation ohne feste Infrastruktur

Wie Sie schon wissen, benötigt der (CB-) Funk keine feste Infrastruktur wie etwa der Mobilfunk oder das Internet. Sobald zwei Funkstationen ihren Betrieb aufnehmen und eine Verbindung herstellen, ist der Funk ohne weitere Kontrolle aktiv. Relaisfunkstellen können für eine Erweiterung des Aktionsradius sorgen, sobald sich mehrere Funkstationen in deren Empfangsgebiet befinden beziehungsweise deren Reichweiten bis zu dieser Relaisfunkstelle reichen. Wird ein Funkgerät an einer Solaranlage oder mithilfe von Akkus betrieben, ist sogar ein autarker Betrieb jenseits der regulären Stromversorgung möglich. Auch Funkrelais lassen sich mithilfe solcher alternativen Energiequellen fast überall auf hochgelegenen Gebieten umweltfreundlich betreiben. Das Beste ist aber, dass jeder mitmachen kann, der ein Funkgerät besitzt oder sich eines kauft. Es wird keine Lizenz benötigt, ein Aufbau einer komplizierten Funkapparatur ist auch nicht unbedingt erforderlich. Sein Rufzeichen (im CB-Funk als Skip bezeichnet) sucht man sich einfach selber aus. Wer weiß, wie sich die technischen Möglichkeiten noch entwickeln und welche technischen Neuerungen noch kommen.